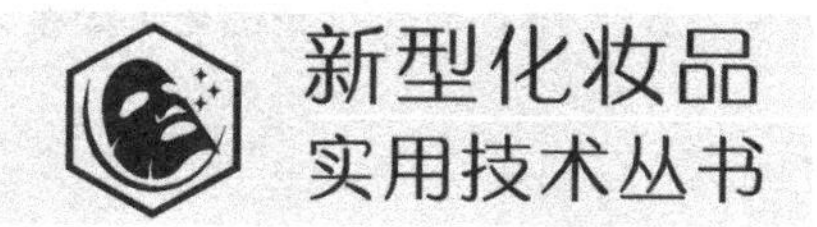

清洁化妆品设计与配方

李东光 主编

QINGJIE HUAZHUANGPIN
SHEJI YU PEIFANG

·北京·

本书对清洁化妆品的分类、功效评价方法等进行了简单介绍，重点阐述了清洁霜、洗面奶、沐浴剂、洗发香波、护发素等的配方设计原则以及配方实例，包含150余种环保、经济的配方。

本书可供从事化妆品配方设计、研发、生产、管理等人员使用，同时可供精细化工等相关专业师生参考。

图书在版编目(CIP)数据

清洁化妆品：设计与配方/李东光主编．—北京：化学工业出版社，2017.12（2023.3重印）
（新型化妆品实用技术丛书）
ISBN 978-7-122-30897-9

Ⅰ.①清…　Ⅱ.①李…　Ⅲ.①清洁卫生-化妆品-设计②清洁卫生-化妆品-配方　Ⅳ.①TQ658

中国版本图书馆CIP数据核字（2017）第266832号

责任编辑：张　艳　刘　军　　文字编辑：陈　雨
责任校对：王素芹　　装帧设计：王晓宇

出版发行：化学工业出版社（北京市东城区青年湖南街13号　邮政编码100011）
印　　刷：北京虎彩文化传播有限公司
710mm×1000mm　1/16　印张12¾　字数230千字　2023年3月北京第1版第9次印刷

购书咨询：010-64518888　　售后服务：010-64518899
网　　址：http://www.cip.com.cn
凡购买本书，如有缺损质量问题，本社销售中心负责调换。

定　　价：49.80元

前言
FOREWORO

由于人体皮肤每时每刻都在分泌着皮脂、汗液，角质形成的细胞也不断地进行着更新换代，而且皮肤长期暴露于外界，表面极易黏附粉尘、刺激物及致敏物等物质，这些外界的物质与皮脂、汗液、脱落死亡细胞以及涂抹的化妆品等混合在一起形成污垢，影响皮肤的健康和美观，因此必须及时清洗。各种清洁类化妆品正是起到这样的作用。

清洁皮肤的重点在面部，就是日常生活中人们常说的洗脸，也称之为洁面。面部清洁是皮肤护理及美容化妆的首要步骤。近代化妆品科学根据性别、年龄、生活环境的不同以及皮肤性质、洗涤习惯、污垢组成的差别，为我们提供了安全舒适、针对性强的各种洁面制品，正确地选择与使用对消费者来说是至关重要的。人们将洁面、按摩和外用护肤霜称为护肤“三部曲”。正确的洁面方法可以彻底清除面部皮肤的污垢和异物，以及清除老化的角质和过多的皮脂，从而使皮肤清爽、舒适以及延缓皮肤的衰老。为了使皮肤保养达到理想的目标，除了正确的清洁护肤外，还应根据皮肤的类型及特点，根据皮脂排泄情况及皮肤的敏感程度，选择适合自身的清洁护肤用品。

由于国内外化妆品技术的发展日新月异，新产品也层出不穷，所以，要想在激烈的市场竞争中立于不败之地，必须不断开发研究新产品，并推向市场。为满足有关单位技术人员的需要，本书详细介绍了清洁化妆品的配方、制备方法、原料配伍、产品特性等。本书可作为从事化妆品科研、生产、销售人员的参考读物。

本书由李东光主编，参加编写的还有翟怀凤、李桂芝、吴宪民、吴慧芳、邢胜利、蒋永波、李嘉等。由于编者水平有限，书中的疏漏和不妥之处在所难免，敬请广大读者提出宝贵意见。主编 Email：ldguang@163．com。

主编

2017 年 10 月

目 录
CONTENTS

第一章　概述

第二章　清洁霜

第三章　洗面奶

第四章　沐浴剂

第五章　洗发香波

第六章　护发素

第一章
概述

Chapter 01

由于环境的污染（如大气的污染、工作环境和生活环境的污染等）和人体的新陈代谢作用等原因，导致了皮肤表面污垢的形成。皮肤的污垢，主要包括表皮角质层剥离脱落的衰亡细胞、皮脂、汗垢，以及来自外部周围环境的尘埃、污垢等。

人的皮肤可通过皮脂腺的生理作用而不断地分泌皮脂，而这种分泌物具有护肤、杀菌、正常的角质分解作用等机能，是保持皮肤健康之必需。但是，皮脂附于皮肤表面经过一段时间后，会被空气和阳光照射而氧化分解，固着于皮肤。如不及时清除，会妨碍皮肤的新陈代谢，成为细菌赖以生存的基质，可导致粉刺、皮脂漏、雀斑和其他一些皮肤问题的发生。人体排出的汗液会迅速地酸败，发出汗臭味，其原因主要是：汗液除了水分之外，还含有少量的有机物质等，如尿素、尿酸、肌酸、氨基酸、乳酸、碳水化合物，以及钠、钾、铵的氯化物或硫酸盐，因此会刺激皮肤，如不及时清除，也会阻碍人体的新陈代谢，并导致皮肤形成痱子等。

在皮肤的生理过程中，角质层位于皮肤的最外层，它的主要成分为角蛋白，其生成过程主要是由皮肤的基底层新生的细胞经过中间层，最后形成角质层，从皮肤表面剥离脱落。这种角化了的物质也是细菌繁殖的营养源之一，特别是在潮湿的环境中，更易产生酸败和臭味，为此必须及时清除。

皮肤表面的污垢、尘埃除上述情况之外，还有涂抹于皮肤的化妆品的油脂、香料、色素等，如果氧化酸败的话，也会刺激皮肤。上述附着于皮肤表面的一切污垢、尘埃、杂物都应及时地进行清除，以保持皮肤的清洁卫生和健康。

用于清除皮肤污垢，保持人体的清洁卫生与健康的化妆品是多种多样的。在日常生活中，人们往往使用碱性肥皂、香皂来用于皮肤的清洗，这种清洗用品有较强的去污力和清洗作用，而不足的是，由于肥皂、香皂为碱性清洗用品，会导致皮肤过度的脱脂，使皮肤表面干燥且无光泽。随着科学技术的进步与发展，目前各种新型的用于皮肤清洁的化妆用品已经被广泛应用，产品更加着重于温和性、安全性，使洁肤和皮肤护理有机地结合。

第一节　清洁类化妆品的分类

一、按产品的功能分类

清洁类化妆品按照其主要的活性成分和作用的机制，可分为以表面活性剂为主和以溶剂型为主的两大类产品。

二、按产品的剂型分类

清洁类化妆品按照其产品的剂型可分为以下几种类型。

(1) 无水清洁霜（油剂）　无水清洁霜（油剂）是一类由全油性组分混合而制成的产品，主要含有白矿油、凡士林、羊毛脂、植物油和一些酯类等，主要用于除去面部或颈部的防水性美容化妆品和油溶性污垢。近年来，在一些较新的无水清洁霜中，添加中等至高含量的酯类或温和的油溶表面活性剂，使其油腻性减小，肤感更舒适，也较易清洗。有些配方制成凝胶制品，易于分散，可用纸巾擦除。

(2) 油包水（W/O）型清洁霜和乳液　冷霜是典型的W/O型清洁霜，蜂蜡-硼砂体系是冷霜的主要乳化剂体系。近年来，一些新的W/O型乳化剂、精制蜂蜡、合成蜂蜡、蜂蜡衍生物和其他合成或天然蜡类也已开始应用于W/O型乳化体系。制备W/O型清洁霜还可使用一些非离子表面活性剂作为乳化体系，有时也可添加少量的蜂蜡作为稠度调节剂。

(3) 水包油（O/W）型清洁霜和乳液　它是一类含油量中等的轻型洁肤产品。近年来很流行，也受消费者欢迎。一般洗面奶多属此种类型的产品。这类产品样式繁多，可满足不同类型消费者的需求。

(4) 温和表面活性剂为基质的洁肤乳液　这类皮肤清洁剂是温和起泡的，一般在浴室内使用，使用后需用水冲洗。其对皮肤的作用比一般香皂温和、易于添加各种功能制剂（如水溶性聚合物、杀菌剂、酶类和氨基酸等其他活性成分），赋予产品特有的功效。这类洁肤制剂颇受消费者的喜爱。

(5) 含酶或抗菌剂的洁肤剂　这类洁肤剂具有洁肤、抑菌和消毒的作用，对皮肤作用温和。此类洁肤剂含有缓冲性的酸类，可使皮肤保持其正常的pH值。

(6) 含磨料的洁肤剂　是一类含有粒状物质的O/W型乳液（无泡）或温和浆状物（有泡）。一般含有球状聚乙烯、尼龙、纤维素、二氧化硅、方解石、研细种子皮壳的粉末、芦荟粉等。这类洁肤剂的特点是通过轻微的摩擦作用去除皮肤表面的角质层并磨光皮肤，但应注意过度摩擦会对皮肤造成刺激作用。

（7）凝胶型洁肤剂　俗称啫喱型洁肤剂，主要指含有胶黏质或类胶黏质、呈透明或半透明的产品。凝胶型产品包括无水凝胶、水或水-醇凝胶、透明乳液、透明凝胶香波和其他凝胶产品。透明凝胶产品外观诱人，单相凝胶体系有较高的稳定性，与其他剂型产品比较，凝胶更易被皮肤吸收。这类产品适用于油性皮肤的消费者，添加少量防治粉刺的活性物和消毒杀菌剂，对痤疮、粉刺有一定的治疗和预防作用。

（8）温和表面活性剂洁肤皂　洁肤皂使用的历史很长，现在仍然是流行较广的洁肤剂。近年来，含有温和表面活性剂的洁肤皂受到消费者的欢迎。这类产品对皮肤作用温和，在浴室内使用很方便。

三、按产品的适用性分类

（1）适用于干性皮肤的清洁类化妆品　主要针对干性皮肤而设计，最具代表性的产品是由天然蜡和矿物油组成，以硼砂为乳化剂的冷霜。现代更多的产品是采用非离子表面活性剂如去水山梨糖脂肪酸酯作为乳化剂，从而改进了产品的质地。此类型产品的优点是清洁时不带走皮肤需要的脂质层如神经酰胺和脑苷脂，因而适用于干性和极干性皮肤。高档的产品甚至直接将这些必需的脂质作为保护剂掺入产品中，与脂肪酸和蜡酯一起，为干性、敏感性皮肤提供了更为温和的清洁产品。正确选择表面活性剂是这类产品配方的关键。选用的表面活性剂要求温和，既可以彻底清除污垢、脂质分泌物和彩妆残留物，又不破坏角质层的屏障功能。实际上，配方粗劣的清洁类化妆品不仅可以引起皮肤干燥，而且增加了清洁后使用其他化妆品时引起不良反应的危险。

在保湿化妆品的临床试验中发现，许多引起皮肤不良反应的案例不是由于保湿化妆品本身引起的，而是由于之前所使用的清洁类化妆品所致。

（2）适用于混合性皮肤的清洁类化妆品　主要针对混合性皮肤而设计，多为油脂和蜡含量较低、表面活性剂含量较高的乳液。它们一般以三乙醇胺硬脂酸盐或失水山梨（糖）醇（酐）脂肪酸酯作为乳化剂，故很容易用水清洗，洗后感觉十分清洁。有时也添加一些较弱的去污剂，以提高清除用硬水冲洗时残留在皮肤表面的钙盐的能力。如果混合性皮肤表现为油性和干性皮肤的混合(即前额和鼻部为油性，而面颊和下颏为干性)，这时应该选择水包油型的乳液类清洁产品以有效地去除“T”形区过多的油脂，同时又为面颊和下颏等干燥区域补充一定的脂质。

（3）适用于油性皮肤的清洁类化妆品　主要针对油性皮肤而设计，配方的基本要求是采用单纯的表面活性剂溶液，不含油脂、蜡或任何其他脂质，以免加重皮肤的油性状况。此类产品通常是多种温和、去污力强的阳离子和非离子表面活性剂混合在一起而组成，除了能去除油脂和污垢，还能控制油脂的再分泌，避免清洁后 3h 发生的泛光和油腻现象。

一些原料可以改变皮肤的表面张力，使皮肤产生疏脂性，减少皮肤表面分布的油脂，使大部分油脂局限于皮肤的沟槽中，因而明显减轻了皮肤的泛光现象。

由于油性皮肤易出现痤疮（粉刺是痤疮的早期表现），因此有的清洁类化妆品会加入一些抗菌成分以减少细菌的生长，避免新痤疮的产生。

第二节　清洁类化妆品的功效评价方法

由于清洁类化妆品的活性成分为表面活性剂或溶剂，其去污的效果是肯定的。如前面所述，清洁类化妆品强调在清洁皮肤的同时，不能去除皮肤的极性脂质层而破坏皮肤的屏障功能，以保证皮肤有足够的水分，防止大分子物质渗入皮肤引起刺激或过敏反应。因此，对清洁类化妆品功效的评价主要是评价其温和性。主要的方法如下。

（1）测量经皮水分流失（TEWL）　如果使用清洁类化妆品后皮肤的屏障功能遭到破坏，则 TEWL 会较正常皮肤增高，因此，测量此参数可准确反映清洁后皮肤屏障功能的状况，从而评价所用化妆品的性质。

（2）测量皮肤血流情况　如果皮肤受到刺激，局部的血流量就会增加，故通过测量使用产品前后使用部位皮肤的血流情况，就可以了解产品对皮肤刺激的程度。激光多普勒血流仪可检测到极细微的皮肤血流量的变化，可以发现肉眼不易观察到的刺激反应。

（3）测量皮肤颜色的变化　如果皮肤受到刺激，局部会出现红斑，故通过比色仪测量使用产品前后使用部位皮肤颜色的细微变化，尤其是可见光谱红光区的变化，可以准确地确定该清洁化妆品是否引起了红斑。

（4）偏光照相或录像　它是检测亚临床刺激早期表现的最敏感、最实用的一种方法，可以检测出肉眼观察不到的刺激反应，但不能对皮肤反应的严重程度进行定量评价。

（5）其他方法　其他的检测清洁类化妆品对皮肤刺激性的试验，尚有肥皂盒试验、累积刺激试验和重复损伤斑贴试验，但这些试验都可能损害皮肤，而且对于清洁类化妆品是否存在潜在的刺激威胁，并不能提供有价值的依据，因此目前很少使用。

第二章
清洁霜

Chapter 02

第一节　清洁霜配方设计原则

清洁霜又称洁肤霜，是一种半固体膏状的洁肤化妆品，兼有护肤的作用。常用于使用化妆品后和油脂过多时的皮肤清洁。

清洁霜和冷霜基本属于同一类型的产品，所不同的是，清洁霜的主要作用是清除皮肤上的积聚异物，如皮屑、油污、化妆品等，特别是皮肤上化妆品的油性成分及油性污垢，用水来清除难以达到清洁效果，因为水只从皮肤表面清除水溶性污垢；用皂类等清洁剂虽然能使油性污垢在水中乳化而被清除，但必须用大量的水才能洗净；用油溶性溶剂，如矿物油等，对油性污垢溶解性虽好，但单独作用会在皮肤上留下一层油膜，使人有过分油腻的感觉。使用清洁霜，除了利用表面活性剂的润湿、渗透、乳化作用进行去污外，同时还利用产品中的油性成分（白油、凡士林等）作为溶剂，对皮肤上的污垢、油彩、色素等进行浸透和溶解，尤其利于渗透清除藏于毛孔深处的油污。清洁霜具有综合去污的作用，洁肤效果优于香皂，适宜于卸妆。

一、 清洁霜的特点

理想的清洁霜应具备如下特点：

（1）能在体温时液化或借助缓和地按摩即能液化，黏度适中，易于涂抹。

（2）应是中性或是弱酸性，在皮肤的 pH 值范围内进行去污，使用时对皮肤无刺激性等。

（3）含有足够的油分，对唇膏、香粉及其他油污有优异的溶解性和去除效能，能迅速经皮肤表面渗入毛孔，清除毛孔污垢，并易于擦拭。

（4）使用后使皮肤舒适、柔软、无油腻感。

清洁霜采用干洗的方法，用手指将清洁霜均匀地涂覆于面部，并施以适度按摩，溶解毛孔油污，使油污、脂粉、皮屑及其他异物被移入清洁霜内，然后用软纸、毛巾或其他易吸收的柔软织物将清洁霜擦去除净。洁净后的面部皮肤光滑、润泽、舒适。

二、 清洁霜的分类及配方设计

清洁霜分为无水型清洁霜、乳化型清洁霜等。乳化型清洁霜又分为水/油（W/O）型和油/水（O/W）型清洁霜。可根据需要选择不同的乳化型清洁霜，如戏剧妆或浓妆，多为油性化妆品，卸妆时多选用水/油型清洁霜，主要是为了使油性化妆成分从皮肤表面清除。对于一般淡妆，则选用清洁能力弱但使用后令人感觉爽滑的油/水型清洁霜。

（1）无水型清洁霜　无水型清洁霜是一类全油性组分混合而制成的产品，使用时将它涂抹在皮肤上，它能随皮肤温度而触变液化流动，将皮肤上的油性污垢和化妆品残留油渍等溶解，其后即用软纸将其擦去，使皮肤清洁，达到卸妆目的。主要含有白油、凡士林、羊毛脂、植物油和一些脂类等。面部或颈部的防水性美容化妆品和油性污垢往往油性过大，不容易清洗，为此，配方中常常添加中等至高含量的脂类或温和的油溶性表面活性剂，使其油腻感减少，肤感更舒适，有时也较易清洗。有些配方制成凝胶制品，易于分散，可用纸巾擦除。

（2）W/O 型清洁霜　根据乳化方式的不同，此类清洁霜可以分为蜂蜡-硼砂乳化体系（反应式乳化和混用式乳化）和非反应式乳化体系。

① 蜂蜡-硼砂乳化体系　蜂蜡是最古老的化妆品原料之一，在化妆品中的作用主要是乳化和稠度调节。蜂蜡中的硼酸与硼砂反应生成的蜡酸皂作为主要乳化剂，游离蜂酸和羟基棕榈酸蜡醇酯作为辅助乳化剂，构成完整的乳化剂体系。蜂蜡-硼砂乳化体系可单独使用，也可与其他乳化剂配合使用，此时的乳化方式为混用式乳化。蜂蜡不仅可以使皮肤柔软、富有弹性，而且还是天然的抗菌剂、防酶菌和抗氧剂。蜂蜡具有两方面的缺点。首先，蜂蜡具有特别的气味，必须添加适当的香精来掩盖其气味；其次，蜂蜡是一种天然产物，其质量和组成随原料的来源和收成季节的变化而有所变化。

一般情况下，蜂蜡在膏霜中的含量为 5%～6%（质量分数），而硼砂含量可依蜂蜡的含量与酸值计算求得。

如所用蜂蜡的酸值为 20（经化学分析或查阅蜂蜡的产品标准），即中和 1g 蜂蜡游离酸需 20mg 的 KOH，则 10g 的蜂蜡需 0.2g KOH 才能中和蜂蜡的游离脂肪酸成皂。已知 KOH 的摩尔质量为 56g/mol，含有 10 分子结晶水的硼砂摩尔质量为 190.8g/mol。所以中和 10g 蜂蜡中的游离脂肪酸所需硼砂量选定为 0.7g。若硼砂的用量不足以中和蜂蜡中的游离脂肪酸，则产品没有光泽，稳定性差；若硼砂过量，则会有硼酸硼砂结晶析出。

传统的反应式乳化体系有许多不足，如膏霜微粒粗大、稳定性差，因此在多种表面活性剂作为乳化剂应用之后，往往会加入另外一些表面活性剂作为辅助的乳化剂，这样就成为了所谓的混用式乳化。

② 非反应式乳化体系　这类膏霜乳化体形成过程中不发生化学反应，乳化是通过直接加入表面活性剂实现的。非反应式乳化体系是目前主要的乳化方式。此乳化体系中有时也会添加少量的蜂蜡作为稠度调节剂。

(3) O/W 型清洁霜　O/W 型清洁霜是一类含油量中等、轻型的洁肤制品，油腻感小，是目前较为流行的一类清洁霜，适合于油性皮肤者使用。这类产品也可以按照乳化方式的不同分为蜂蜡-硼砂乳化体系和非反应式乳化体系。

① 蜂蜡-硼砂乳化体系　参见 W/O 型清洁霜。

② 非反应式乳化体系　非反应式清洁霜的制法与反应式清洁霜的制法相同。此类产品的生产工艺流程如图 2-1 所示。

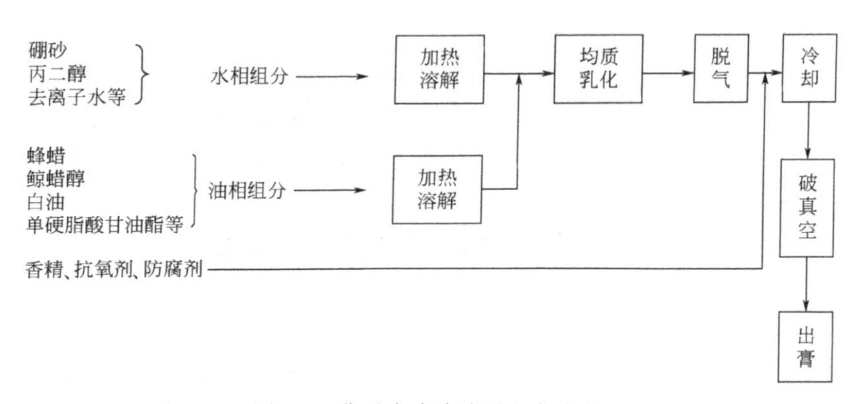

图 2-1　非反应式清洁霜生产流程

在水相罐中加入去离子水、硼砂、丙二醇等水相组分，搅拌加热至 90～95℃，维持 20min 灭菌。在油相罐中加入白油、蜂蜡、鲸蜡醇、单硬脂酸甘油酯等油相组分，搅拌、加热，使其熔化均匀，加热至 90～95℃。将水相、油相分别经过滤器抽至乳化罐中，维持温度 70～85℃，均质乳化，同时刮边搅拌，均质 5～8min，停止均质，通冷却水冷却，脱气、降温至 45℃，加入香精、抗氧剂、防腐剂等。

第二节　清洁霜配方实例

配方 1　保湿清洁霜

原料配比

原料	配比(质量份)		
	1#	2#	3#
橄榄油	35	30	25
肉豆蔻酸肉豆蔻醇酯	3	2	1
失水山梨醇单硬脂酸酯	5	4	3
硬脂酸	1	2	3
Sepigel 501	5	—	—
三乙醇胺	—	8	10
丙二醇	1	2	3
辣椒提取物	0.05	0.1	0.01
银耳提取物	35	30	50
去离子水	加至100	加至100	加至100

制备方法 将去离子水、橄榄油、肉豆蔻酸肉豆蔻醇酯、失水山梨醇单硬脂酸酯、硬脂酸、三乙醇胺(或 Sepigel 501)、丙二醇、辣椒提取物和银耳提取物进行混合，并用搅拌机于1000～1500r/min下高速搅拌10～15min，制得所述保湿清洁霜。

原料配伍 本品各组分质量份配比范围为：橄榄油25～35，肉豆蔻酸肉豆蔻醇酯1～3，失水山梨醇单硬脂酸酯3～5，硬脂酸1～3，三乙醇胺(或Sepigel 501)5～10，丙二醇1～3，辣椒提取物0.01～0.1，银耳提取物30～50，去离子水加至100。

所述辣椒提取物采用改性溶剂法，通过粉碎、萃取、分离、浓缩、精制、纯化而得到。

所述辣椒提取物为辣椒素、辣椒醇、二氢辣素、降二氢辣素、辣椒碱、二氢辣椒碱、蛋白质、钙、磷、丰富的维生素C、胡萝卜素的混合物。

所述银耳提取物为含有α-甘露聚糖的银耳多糖。α-甘露聚糖分子中富含大量羟基、羧基等极性基团，可结合大量的水分。分子间相互交织成网状，具有极强的锁水保湿性能，发挥高效保湿护肤功能。大分子量的α-甘露聚糖具有极好的成膜性，赋予肌肤水润丝滑的感觉。α-甘露聚糖独特的空间结构，使其可保留比自身重500～1000倍的水分，质量分数为2%的α-甘露聚糖水溶液能够牢固地保持98%的水分，生成凝胶。这种含水的胶状基质可以在吸水的同时有效锁住水分，更好地发挥其高效保湿护肤功能。

产品应用 本品是一种保湿清洁霜。

产品特性 本产品能提高皮肤的屏障功能，防止水分从皮肤中蒸发。对肌肤从内到外起到锁水保湿滋养功能。清洁皮肤表面，补充皮脂的不足，滋润皮肤，促进皮肤的新陈代谢。能在皮肤表面形成一层护肤薄膜，阻止表皮水分的蒸发，可保护或缓解皮肤因气候变化、环境影响等因素所造成的刺激，并能为皮肤提供其正常的生理过程中所需要的营养成分，使皮肤柔软、光滑、富有弹性，从而防止或延缓皮肤的衰老，预防某些皮肤病的发生，增进皮肤的美观和健康。

配方 2 非反应式乳化清洁霜

原料配比

原料	配比(质量份)	原料	配比(质量份)
蜂蜡	5	吐温-80	0.7
石蜡	8	防腐剂	少量
白油	41	香精	少量
凡士林	15	去离子水	加至 100
失水山梨醇倍半油酸酯	4.3		

制备方法

（1）油相组分置于油相锅内，加热至 90℃灭菌并熔化。

（2）将水相组分置于另一锅内加热至同样温度，再将温度降为 80℃。

（3）将水相缓缓加入油相内，由均质乳化机搅拌达到均质乳化。

（4）继续搅拌并冷却至 50℃，加入香精。

原料配伍 本品各组分质量份配比为：蜂蜡 5，石蜡 8，白油 41，凡士林 15，失水山梨醇倍半油酸酯 4.3，吐温-80 0.7，防腐剂少量，香精少量，去离子水加至 100。

产品应用 本品是一种清洁霜。

产品特性 本产品可使皮肤柔软富有弹性，并且能起到抗菌、防霉、抗氧化的作用。

配方 3 改良型清洁霜

原料配比

原料	配比(质量份)		
	1#	2#	3#
甘草提取液	4	6	8
纯净水	70	110	120
液体石蜡	40	70	90
苯甲酸	4	5	6
橄榄油	15	20	30
羊毛脂	8	12	16
山梨醇酐单月桂酸酯	10	12	15
莲藕粉	8	13	15
十六醇	5	10	15
失水山梨醇脂肪酸酯	11	15	17
维生素 A	13	22	26
尼泊金乙酯	5	8	10

续表

原料	配比(质量份)		
	1#	2#	3#
白油	11	16	18
棕榈酸异丙酯	7	11	14
香精	4	6	8
麻油	20	25	30
着色剂	5	6	7
防腐剂	2	3	4
抗氧化剂	3	5	6

制备方法 将各组分原料混合均匀即可。

原料配伍 本品各组分质量份配比范围为：甘草提取液 4～8，纯净水 70～120，液体石蜡 40～90，苯甲酸 4～6，橄榄油 15～30，羊毛脂 8～16，山梨醇酐单月桂酸酯 10～15，莲藕粉 8～15，十六醇 5～15，失水山梨醇脂肪酸酯 11～17，维生素 A 13～26，尼泊金乙酯 5～10，白油 11～18，棕榈酸异丙酯 7～14，香精 4～8，麻油 20～30，着色剂 5～7，防腐剂 2～4，抗氧化剂 3～6。

产品应用 本品是一种改良型清洁霜。

产品特性 本产品能有效清除陈腐的角质层和污垢，同时又含有去粉刺的有效成分，具有去污迅速、使用方便、刺激小等特点，起到保护和滋润皮肤的作用。

配方 4 含有当归的乳化型美白清洁霜

原料配比

原料	配比(质量份)	原料	配比(质量份)
当归	80	抗氧化剂	0.4
蜂蜡	16	防腐剂	0.3
白油	50	香精	0.3
硼砂	0.8	去离子水	100

制备方法

(1) 称取原料药材当归 80 份，去除杂质，用凉白开水迅速淘洗，沥去水液，晒干。

(2) 把步骤 (1) 所获得的原料药材研成末，置于水中煎煮 2 次，过滤，静置 24h，过滤；沉淀物加水搅拌，使其成混悬液。

(3) 将蜂蜡 16 份、白油 50 份、硼砂 0.8 份、抗氧化剂 0.4 份混合加热至约 90℃溶解及灭菌。

(4) 将去离子水 100 份加热至约 90℃后，降温至 80℃备用。

(5) 将步骤 (2)、步骤 (4) 所获得的原料缓缓加入步骤 (3) 所获得的原料中，由均质乳化机搅拌达到均质乳化后，继续搅拌冷却至 50℃后加入香精、防腐剂，混合后充分搅拌均匀即可包装。

原料配伍 本品各组分质量份配比为：当归 80，蜂蜡 16，白油 50，硼砂 0.8，抗氧化剂 0.4，防腐剂 0.3，香精 0.3，去离子水 100。

产品应用 本品主要用于化妆品领域，是一种含有当归的乳化型美白清洁霜，具有祛斑、淡斑、美白的功效，对于面部皮肤色斑、暗黄有明显效果。适用于任何肤质，偏敏感性肌肤也适用。

产品特性 本产品天然无刺激、抑菌抗菌；pH 值与人体皮肤的 pH 值接近，对皮肤无刺激性；使用后明显感到舒适、柔软，无油腻感，具有明显的祛斑、淡斑、美白的效果。

配方 5 含有茯苓的乳化型美白清洁霜

原料配比

原料	配比(质量份)	原料	配比(质量份)
茯苓	80	山梨糖醇	4.2
蜂蜡	6	吐温-80	0.8
石蜡	10	防腐剂	0.3
凡士林	15	香精	0.3
白油	41	去离子水	100

制备方法

(1) 称取原料药材茯苓 80 份，去除杂质，用凉白开水迅速淘洗，沥去水液，晒干。

(2) 把步骤 (1) 所获得的原料药材研成末，置于水中煎煮 2 次，过滤，静置 24h，过滤；沉淀物加水搅拌，使其成混悬液。

(3) 将蜂蜡 6 份、石蜡 10 份、凡士林 15 份、白油 41 份、山梨糖醇 4.2 份、吐温-80 0.8 份混合加热约至 90℃溶解及灭菌。

(4) 将去离子水 100 份加热约至 90℃后，降温至 80℃备用。

(5) 将步骤 (2)、步骤 (4) 所获得的原料缓缓加入步骤 (3) 所获得的原料中，由均质乳化机搅拌达到均质乳化后，继续搅拌冷却至 50℃后加入香精、防腐剂，混合后充分搅拌均匀即可包装。

原料配伍 本品各组分质量份配比为：茯苓 80，蜂蜡 6，石蜡 10，凡士林 15，白油 41，山梨糖醇 4.2，吐温-80 0.8，防腐剂 0.3，香精 0.3，去离子水 100。

产品应用 本品主要用于化妆品领域，是一种含有茯苓的乳化型美白清洁霜，

产品特性 本产品具有润泽肌肤、美白保湿、祛斑抗皱的功效，对于面部皮肤色斑、暗黄、黝黑有明显改善效果，适用于任何肤质，偏敏感性肌肤也适用。

配方 6　含有甘草的乳化型美白清洁霜

原料配比

原料	配比(质量份)	原料	配比(质量份)
甘草	80	硼砂	0.6
蜂蜡	6	丙二醇	3
白油	50	防腐剂	0.3
鲸蜡醇	2.4	香精	0.3
单硬脂酸甘油酯	1	去离子水	100

制备方法

(1) 称取原料药材甘草 80 份，去除杂质，用凉白开水迅速淘洗，沥去水液，晒干。

(2) 把步骤 (1) 所获得的原料药材研成末，置于水中煎煮 2 次，过滤，静置 24h，过滤；沉淀物加水搅拌，使其成混悬液。

(3) 将蜂蜡 6 份、白油 50 份、鲸蜡醇 2.4 份、单硬脂酸甘油酯 1 份、硼砂 0.6 份、丙二醇 3 份混合加热至约 90℃溶解及灭菌。

(4) 将去离子水 100 份加热至约 90℃后，降温至 80℃备用。

(5) 将步骤 (2)、步骤 (4) 所获得的原料缓缓加入步骤 (3) 所获得的原料中，由均质乳化机搅拌达到均质乳化后，继续搅拌冷却至 50℃后加入香精、防腐剂，混合后充分搅拌均匀即可包装。

原料配伍　本品各组分质量份配比为：甘草 80，蜂蜡 6，白油 50，鲸蜡醇 2.4，单硬脂酸甘油酯 1，硼砂 0.6，丙二醇 3，防腐剂 0.3，香精 0.3，去离子水 100。

产品应用　本品主要用于化妆品领域，是一种含有甘草的乳化型美白清洁霜。

产品特性　本产品具有抗皱保湿、去斑美白的功效，对于面部皮肤色斑、暗黄有明显效果，适用于任何肤质，偏敏感性肌肤也适用。

配方 7　含有甘草的无水油型清洁霜

原料配比

原料	配比(质量份)	原料	配比(质量份)
甘草	50	白油	58
液态石蜡	10	肉豆蔻酸异丙酯	6
凡士林	20	防腐剂	6
鲸蜡醇	6	香精	6

制备方法

(1) 称取原料药材甘草 50 份，去除杂质，用凉白开水迅速淘洗，沥去水液，晒干。

(2) 把步骤 (1) 所获得的原料药材研成末，置于水中煎煮 2 次，过滤，静置 24h，过滤；沉淀物加水搅拌，使其成混悬液。

(3) 将步骤 (2) 所获得的原料与液态石蜡 10 份、凡士林 20 份、鲸蜡醇 6 份、白油 58 份、肉豆蔻酸异丙酯 6 份、防腐剂 6 份混合加热至约 95℃溶解，充分搅拌均匀。

(4) 将步骤 (3) 所获得的原料冷却后加入香精，混合后充分搅拌均匀即可包装。

原料配伍 本品各组分质量份配比为：甘草 50，液态石蜡 10，凡士林 20，鲸蜡醇 6，白油 58，肉豆蔻酸异丙酯 6，防腐剂 6，香精 6。

产品应用 本品主要用于化妆品领域，是一种含有甘草的无水油型清洁霜。

产品特性 本产品对皮肤具有较为理想的美白、消炎、抗过敏的效果，对于面部皮肤的细微炎症、过敏等症状效果明显。

配方 8 含有柑橘的乳化型美白清洁霜

原料配比

原料	配比(质量份)	原料	配比(质量份)
柑橘	50	十六醇	1
蜂蜡	8	硼砂	0.4
白油	49	去离子水	100

制备方法

(1) 称取原料药材柑橘 50 份，去除杂质，用凉白开水迅速淘洗，沥去水液，晒干。

(2) 把步骤 (1) 所获得的原料药材提取汁液后过滤备用。

(3) 将白油 49 份、十六醇 1 份、硼砂 0.4 份混合加热至约 70℃溶解及灭菌。

(4) 将去离子水 100 份、蜂蜡 8 份混合加热至约 70℃后冷却备用。

(5) 将步骤 (2)、步骤 (4) 所获得的原料缓缓加入步骤 (3) 所获得的原料中，由均质乳化机搅拌达到均质乳化后，继续搅拌冷却，充分搅拌均匀后即可包装。

原料配伍 本品各组分质量份配比为：柑橘 50，蜂蜡 8，白油 49，十六醇 1，硼砂 0.4，去离子水 100。

产品应用 本品主要用于化妆品领域，是一种含有柑橘的乳化型美白清洁霜。

产品特性 本产品具有去斑、美白的功效，对于面部皮肤色斑、黑色素有明显效果，适用于任何肤质，偏敏感性肌肤也适用。

配方 9 含有葛根的乳化型美白清洁霜

原料配比

原料	配比(质量份)	原料	配比(质量份)
葛根	70	抗氧化剂	0.4
蜂蜡	12	防腐剂	0.3
硼砂	0.5	香精	0.3
鲸蜡醇	12.5	去离子水	100
芝麻油	40		

制备方法

(1) 取原料药材葛根 70 份，去除杂质，用凉白开水迅速淘洗，沥去水液，晒干。

(2) 把步骤 (1) 所获得的原料药材研成末，置于水中煎煮 2 次，过滤，静置 24h，过滤；沉淀物加水搅拌，使其成混悬液。

(3) 将蜂蜡 12 份、硼砂 0.5 份、鲸蜡醇 12.5 份、芝麻油 40 份、抗氧化剂 0.4 份混合加热至约 90℃溶解及灭菌。

(4) 将去离子水 100 份加热至约 90℃后，降温至 80℃备用。

(5) 将步骤 (2)、步骤 (4) 所获得的原料缓缓加入步骤 (3) 所获得的原料中，由均质乳化机搅拌达到均质乳化后，继续搅拌冷却至 50℃后加入香精、防腐剂，混合后充分搅拌均匀即可包装。

原料配伍 本品各组分质量份配比为：葛根 70，蜂蜡 12，硼砂 0.5，鲸蜡醇 12.5，芝麻油 40，抗氧化剂 0.4，防腐剂 0.3，香精 0.3，去离子水 100。

产品应用 本品主要用于化妆品领域，是一种含有葛根的乳化型美白清洁霜，具有去斑、淡斑、美白的功效，对于面部皮肤色斑、暗黄、干燥有明显效果，适用于任何肤质，偏敏感性肌肤也适用。

产品特性 本产品各原料的用量和理化性质产生协调作用，积极效果在于：天然无刺激、抑菌抗菌；pH 值与人体皮肤的 pH 值接近，对皮肤无刺激性；使用后明显感到舒适、柔软、无油腻感，具有明显的去斑、淡斑、美白的效果。

配方 10 含有芦荟的乳化型清洁霜

原料配比

原料	配比(质量份)	原料	配比(质量份)
芦荟	80	抗氧化剂	0.4
蜂蜡	5	防腐剂	0.3
白油	45	香精	0.3
硼砂	0.2	去离子水	100
微晶蜡	7		

制备方法

(1) 称取原料药材芦荟 80 份，去除杂质，用凉白开水迅速淘洗，沥去水液，晒干。

(2) 把步骤 (1) 所获得的原料药材加工萃取成液。

(3) 将蜂蜡 5 份、白油 45 份、硼砂 0.2 份、微晶蜡 7 份、抗氧化剂 0.4 份混合加热至约 90℃溶解及灭菌。

(4) 将去离子水 100 份加热至约 90℃后，降温至 80℃备用。

(5) 将步骤 (2)、步骤 (4) 所获得的原料缓缓加入步骤 (3) 所获得的原料中，由均质乳化机搅拌达到均质乳化后，继续搅拌冷却至 50℃后加入香精、防腐剂，混合后充分搅拌均匀即可包装。

原料配伍 本品各组分质量份配比为：芦荟 80，蜂蜡 5，白油 45，硼砂 0.2，微晶蜡 7，抗氧化剂 0.4，防腐剂 0.3，香精 0.3，去离子水 100。

产品应用 本品主要用于化妆品领域，是一种含有芦荟的乳化型清洁霜。

产品特性 本产品具有抗皱保湿、抗菌消炎的功效，对于面部皮肤的轻微炎症有明显效果，使用后明显感到舒适、柔软、无油腻感。

配方 11 含有桑白皮的乳化型美白清洁霜

原料配比

原料	配比(质量份)	原料	配比(质量份)
桑白皮	95	硼砂	0.4
蜂蜡	8	皂粉	0.1
液体石蜡	8	防腐剂	0.3
凡士林	0.8	香精	0.3
山梨糖醇	0.5	去离子水	100
甘油单油酸酯	3.5		

制备方法

(1) 称取原料药材桑白皮 95 份，去除杂质，用凉白开水迅速淘洗，沥去水液，晒干。

(2) 把步骤 (1) 所获得的原料药材研成末，置于水中煎煮 2 次，过滤，静置 24h，过滤；沉淀物加水搅拌，使其成混悬液。

(3) 将蜂蜡 8 份、液体石蜡 8 份、凡士林 0.8 份、山梨糖醇 0.5 份、甘油单油酸酯 3.5 份、硼砂 0.4 份、皂粉 0.1 份混合加热至约 90℃溶解及灭菌。

(4) 将去离子水 100 份加热至约 90℃后，降温至 80℃备用。

(5) 将步骤 (2)、步骤 (4) 所获得的原料缓缓加入步骤 (3) 所获得的原料中，由均质乳化机搅拌达到均质乳化后，继续搅拌冷却至 50℃后加入香精、防腐剂，混合后充分搅拌均匀即可包装。

原料配伍 本品各组分质量份配比为：桑白皮 95，蜂蜡 8，液体石蜡 8，凡士林 0.8，山梨糖醇 0.5，甘油单油酸酯 3.5，硼砂 0.4，皂粉 0.1，防腐剂 0.3，香精 0.3，去离子水 100。

产品应用 本品主要用于化妆品领域，是一种含有桑白皮的乳化型美白清洁霜，适用于任何肤质，偏敏感性肌肤也适用。

产品特性 本产品具有去斑、淡斑、美白、保湿、抗皱的功效，对于面部皮肤色斑、暗黄、粗糙、细纹有明显效果。天然无刺激、抑菌抗菌；pH 值与人体皮肤的 pH 值接近，对皮肤无刺激性；使用后明显感到舒适、柔软、无油腻感。

配方 12 含有桑叶的乳化型美白清洁霜

原料配比

原料	配比(质量份)	原料	配比(质量份)
桑叶	95	抗氧化剂	0.4
蜂蜡	8	防腐剂	0.3
白油	49	香精	0.3
十六醇	1	去离子水	100
硼砂	0.4		

制备方法

(1) 称取原料药材桑叶 95 份，去除杂质，用凉白开水迅速淘洗，沥去水液，晒干。

(2) 把步骤 (1) 所获得的原料药材研成末，置于水中煎煮 2 次，过滤，静置 24h，过滤；沉淀物加水搅拌，使其成混悬液。

(3) 将蜂蜡 8 份、白油 49 份、十六醇 1 份、硼砂 0.4 份、抗氧化剂 0.4 份混合加热至约 90℃溶解及灭菌。

(4) 将去离子水 100 份加热至约 90℃后，降温至 80℃备用。

(5) 将步骤 (2)、步骤 (4) 所获得的原料缓缓加入步骤 (3) 所获得的原料中，由均质乳化机搅拌达到均质乳化后，继续搅拌冷却至 50℃后加入香精、防腐剂，混合后充分搅拌均匀即可包装。

原料配伍 本品各组分质量份配比为：桑叶 95，蜂蜡 8，白油 49，十六醇 1，硼砂 0.4，抗氧化剂 0.4，防腐剂 0.3，香精 0.3，去离子水 100。

产品应用 本品主要用于化妆品领域，是一种含有桑叶的乳化型美白清洁霜，具有去斑、淡斑、美白、保湿的功效，对于面部皮肤色斑、暗黄、粗糙有明显效果，适用于任何肤质，偏敏感性肌肤也适用。

产品特性 本品天然无刺激、抑菌抗菌；pH 值与人体皮肤的 pH 值接近，对皮肤无刺激性；使用后明显感到舒适、柔软、无油腻感，具有明显的去斑、淡斑、美白、保湿的效果。

配方 13 含有柿叶的乳化型美白清洁霜

原料配比

原料	配比(质量份)	原料	配比(质量份)
柿叶	80	抗氧化剂	0.4
蜂蜡	16	防腐剂	0.3
白油	50	香精	0.3
硼砂	0.8	去离子水	100

制备方法

(1) 称取原料药材柿叶 80 份，去除杂质，用凉白开水迅速淘洗，沥去水液，晒干。

(2) 把步骤 (1) 所获得的原料药材研成末，置于水中煎煮 2 次，过滤，静置 24h，过滤；沉淀物加水搅拌，使其成混悬液。

(3) 将蜂蜡 16 份，白油 50 份，硼砂 0.8 份，抗氧化剂 0.4 份混合加热至约 90℃溶解及灭菌。

(4) 将去离子水 100 份加热至约 90℃后，降温至 80℃备用。

(5) 将步骤 (2)、步骤 (4) 所获得的原料缓缓加入步骤 (3) 所获得的原料中，由均质乳化机搅拌达到均质乳化后，继续搅拌冷却至 50℃后加入香精、防腐剂，混合后充分搅拌均匀即可包装。

原料配伍 本品各组分质量份配比为：柿叶 80，蜂蜡 16，白油 50，硼砂 0.8，抗氧化剂 0.4，防腐剂 0.3，香精 0.3，去离子水 100。

产品应用 本品主要用于化妆品领域，是一种含有柿叶的乳化型美白清洁霜，具有去斑、淡斑、美白的功效，对于面部皮肤色斑、暗黄、黝黑有明显效果，适用于任何肤质，偏敏感性肌肤也适用。

产品特性 本产品对皮肤具有较为理想的去斑、淡斑、美白的效果。天然无刺激、抑菌抗菌；pH 值与人体皮肤的 pH 值接近，对皮肤无刺激性；使用后明显感到舒适、柔软、无油腻感。

配方 14 含有杏仁的乳化型美白清洁霜

原料配比

原料	配比(质量份)	原料	配比(质量份)
杏仁	80	三乙醇胺	1.8
硬脂酸	14	防腐剂	0.3
蜂蜡	6	香精	0.3
白油	40	去离子水	40

制备方法

(1) 称取原料药材杏仁 80 份，去除杂质，用凉白开水迅速淘洗，沥去水液，晒干。

(2) 把步骤 (1) 所获得的原料药材研成末，置于水中煎煮 2 次，过滤，静置 24h，过滤；沉淀物加水搅拌，使其成混悬液。

(3) 将硬脂酸 14 份、蜂蜡 6 份、白油 40 份、三乙醇胺 1.8 份混合加热至约 90℃溶解及灭菌。

(4) 将去离子水 40 份加热至约 90℃后，降温至 80℃备用。

(5) 将步骤 (2)、步骤 (4) 所获得的原料缓缓加入步骤 (3) 所获得的原料中，由均质乳化机搅拌达到均质乳化后，继续搅拌冷却至 50℃后加入香精、防腐剂，混合后充分搅拌均匀即可包装。

原料配伍 本品各组分质量份配比为：杏仁 80，硬脂酸 14，蜂蜡 6，白油 40，三乙醇胺 1.8，防腐剂 0.3，香精 0.3，去离子水 40。

产品应用 本品主要用于化妆品领域，是一种含有杏仁的乳化型美白清洁霜，具有去斑、美白、抗皱、润燥护肤的功效，对于面部皮肤色斑、粗糙、细纹、抑菌有明显效果，适用于任何肤质，偏敏感性肌肤也适用。

产品特性 本产品对皮肤具有较为理想的去斑、美白、抗皱、润燥护肤的效果。天然无刺激、抑菌抗菌；pH 值与人体皮肤的 pH 值接近，对皮肤无刺激性；使用后明显感到舒适、柔软、无油腻感。

配方 15 含有薰衣草的乳化型清洁霜

原料配比

原料	配比(质量份)	原料	配比(质量份)
薰衣草	70	硼砂	0.7
蜂蜡	10	羊毛脂	2
白油	53	防腐剂	0.3
凡士林	10	香精	0.3
液态石蜡	5	去离子水	19

制备方法

(1) 称取原料药材薰衣草 70 份，去除杂质，用凉白开水迅速淘洗，沥去水液，晒干。

（2）把步骤（1）所获得的原料药材研成末，置于水中煎煮2次，过滤，沉淀物加水搅拌，使其成混悬液。

（3）将蜂蜡10份、白油53份、凡士林10份、液态石蜡5份、硼砂0.7份、羊毛脂2份混合加热至约90℃溶解及灭菌。

（4）将去离子水19份加热至约90℃后，降温至80℃备用。

（5）将步骤（2）、步骤（4）所获得的原料缓缓加入步骤（3）所获得的原料中，由均质乳化机搅拌达到均质乳化后，继续搅拌冷却至50℃后加入香精、防腐剂，混合后充分搅拌均匀即可包装。

原料配伍 本品各组分质量份配比为：薰衣草70，蜂蜡10，白油53，凡士林10，液态石蜡5，硼砂0.7，羊毛脂2，防腐剂0.3，香精0.3，去离子水19。

产品应用 本品主要用于化妆品领域，是一种含有薰衣草的乳化型清洁霜，具有抑菌消肿、淡化疤痕的功效，对于面部皮肤粉刺、痘疤、轻微炎症有明显效果。适用于任何肤质，偏敏感性肌肤也适用。

产品特性 本产品天然无刺激、抑菌抗菌；pH值与人体皮肤的pH值接近，对皮肤无刺激性；使用后明显感到舒适、柔软、无油腻感，具有明显的抑菌消肿、淡化疤痕的效果。

配方16 含有益母草的乳化型美白清洁霜

原料配比

原料	配比(质量份)	原料	配比(质量份)
益母草	100	甘油	5
硬脂酸	15	防腐剂	0.3
羊毛脂	4	香精	0.3
矿物油	25	去离子水	400
三乙醇胺	1.9		

制备方法

（1）称取原料药材益母草100份，去除杂质，用凉白开水迅速淘洗，沥去水液，晒干。

（2）把步骤（1）所获得的原料药材研成末，置于水中煎煮2次，过滤，静置24h，过滤；沉淀物加水搅拌，使其成混悬液。

（3）将羊毛脂4份、矿物油25份、甘油5份、防腐剂0.3份、香精0.3份混合加热至约70℃溶解及灭菌。

（4）将去离子水400份、硬脂酸15份、三乙醇胺1.9份加热至约70℃后冷却备用。

（5）将步骤（2）、步骤（4）所获得的原料缓缓加入步骤（3）所获得的原料中，由均质乳化机搅拌达到均质乳化后，继续搅拌冷却，充分搅拌均匀后即可包装。

原料配伍 本品各组分质量份配比为：益母草 100，硬脂酸 15，羊毛脂 4，矿物油 25，三乙醇胺 1.9，甘油 5，防腐剂 0.3，香精 0.3，去离子水 400。

产品应用 本品主要用于化妆品领域，是一种含有益母草的乳化型美白清洁霜，具有去斑、美白、抑制黑色素的功效，对于面部皮肤色斑、黑色素沉着有明显效果。适用于任何肤质，偏敏感性肌肤也适用。

产品特性 本产品对皮肤具有较为理想的去斑、美白、抑制黑色素的效果。天然无刺激、抑菌抗菌；pH 值与人体皮肤的 pH 值接近，对皮肤无刺激性；使用后明显感到舒适、柔软、无油腻感。

配方 17 含有银杏叶的乳化型美白清洁霜

原料配比

原料	配比(质量份)	原料	配比(质量份)
银杏叶	75	硫酸镁	0.2
凡士林	31	抗氧化剂	0.4
白油	20	防腐剂	0.3
液体石蜡	7	香精	0.3
羊毛脂	3	去离子水	100
山梨糖醇	2.5		

制备方法

(1) 取原料药材银杏叶 75 份，去除杂质，用凉白开水迅速淘洗，沥去水液，晒干。

(2) 把步骤 (1) 所获得的原料药材研成末，置于水中煎煮 2 次，过滤，静置 24h，过滤；沉淀物加水搅拌，使其成混悬液。

(3) 将凡士林 31 份、白油 20 份、液体石蜡 7 份、羊毛脂 3 份、山梨糖醇 2.5 份、硫酸镁 0.2 份、抗氧化剂 0.4 份混合加热至约 90℃溶解及灭菌。

(4) 将去离子水 100 份加热至约 90℃后，降温至 80℃备用。

(5) 将步骤 (2)、步骤 (4) 所获得的原料缓缓加入步骤 (3) 所获得的原料中，由均质乳化机搅拌达到均质乳化后，继续搅拌冷却至 50℃后加入香精、防腐剂，混合后充分搅拌均匀即可包装。

原料配伍 本品各组分质量份配比为：银杏叶 75，凡士林 31，白油 20，液体石蜡 7，羊毛脂 3，山梨糖醇 2.5，硫酸镁 0.2，抗氧化剂 0.4，防腐剂 0.3，香精 0.3，去离子水 100。

产品应用 本品主要用于化妆品领域，是一种含有银杏叶的乳化型美白清洁霜，具有去斑、美白、抗皱的功效，对于面部皮肤色斑、暗黄、粗糙、细纹有明显效果，适用于任何肤质，偏敏感性肌肤也适用。

产品特性 本产品对皮肤具有较为理想的去斑、美白、抗皱的效果。天然无刺激、抑菌抗菌；pH 值与人体皮肤的 pH 值接近，对皮肤无刺激性；使用后明显感到舒适、柔软、无油腻感。

配方 18 含有竹叶的乳化型清洁霜

原料配比

原料	配比(质量份)	原料	配比(质量份)
竹叶	70	凡士林	3
白油	15	聚山梨酯-80	1
单硬脂酸甘油酯	3	防腐剂	0.3
山梨糖醇	27	香精	0.3
地蜡	0.2	去离子水	50.6
蜂蜡	0.2		

制备方法

(1) 称取原料药材竹叶 70 份，去除杂质，用凉白开水迅速淘洗，沥去水液，晒干。

(2) 把步骤 (1) 所获得的原料药材研成末，置于水中煎煮 2 次，过滤，沉淀物加水搅拌，使其成混悬液。

(3) 将白油 15 份、单硬脂酸甘油酯 3 份、山梨糖醇 27 份、地蜡 0.2 份、蜂蜡 0.2 份、凡士林 3 份、聚山梨酯-80 1 份混合加热至约 90℃溶解及灭菌。

(4) 将去离子水 50.6 份加热至约 90℃后，降温至 80℃备用。

(5) 将步骤 (2)、步骤 (4) 所获得的原料缓缓加入步骤 (3) 所获得的原料中，由均质乳化机搅拌达到均质乳化后，继续搅拌冷却至 50℃后加入香精、防腐剂，混合后充分搅拌均匀即可包装。

原料配伍 本品各组分质量份配比为：竹叶 70，白油 15，单硬脂酸甘油酯 3，山梨糖醇 27，地蜡 0.2，蜂蜡 0.2，凡士林 3，聚山梨酯-80 1，防腐剂 0.3，香精 0.3，去离子水 50.6。

产品应用 本品主要用于化妆品领域，是一种含有竹叶的乳化型清洁霜，对于面部皮肤轻微炎症、色斑有明显效果，适用于任何肤质，偏敏感性肌肤也适用。

产品特性 本产品对皮肤具有较为理想的抗皱防皱、淡化色斑、消炎止痒的效果。天然无刺激、抑菌抗菌；pH 值与人体皮肤的 pH 值接近，对皮肤无刺激性；使用后明显感到舒适、柔软、无油腻感。

配方 19 绿豆粉清洁霜

原料配比

原料	配比(质量份)		
	1#	2#	3#
蜂蜡	10	8～10	8～10
凡士林	6	5.5	5.5
白油	48	40	45.5
绿豆粉	20	15	8.3
单硬脂酸乙二醇酯	0.7	0.5	0.65
司盘	1.6	1.5	1.58
硼砂	1	0.9	0.9
防腐剂	适量	适量	适量
抗氧化剂	适量	适量	适量
去离子水	加至100	加至100	加至100

制备方法

(1) 将凡士林与蜂蜡在反应器内混合，加热至55℃，作为A溶液放置待用。

(2) 将白油加热至55℃，作为B溶液放置待用。

(3) 将B溶液缓慢加入A溶液中熔化，由乳化机搅拌乳化，放置待用。

(4) 将绿豆粉、单硬脂酸乙二醇酯、司盘、硼砂混合后加入去离子水中，放置待用。

(5) 将上述溶液混匀，搅拌冷却，即得。

原料配伍 本品各组分质量份配比范围为：蜂蜡8～10，凡士林5.5～6，白油40～48，绿豆粉8.3～20，单硬脂酸乙二醇酯0.5～0.7，司盘1.5～1.6，硼砂0.9～1，防腐剂、抗氧化剂适量，去离子水加至100。

产品应用 本品主要用于去除积聚在皮肤表皮及毛孔上的异物，也可除去油性化妆品。

产品特性 本产品提供的一种绿豆粉清洁霜含有绿豆粉，绿豆粉的清洁能力强，并且具有控油的作用，在不伤害皮肤的条件下可以去除积聚在皮肤表皮及毛孔上的异物，也可除去油性化妆品。

配方20 美白保湿清洁霜

原料配比

原料	配比(质量份)		
	1#	2#	3#
银耳提取物	7	8	9
薏苡仁油	4	5	6
兰花提取物	6	7	8
乙酰壳糖胺	1	1.5	2
熊果苷	0.6	0.7	0.8

续表

原料	配比(质量份)		
	1#	2#	3#
椰油酰胺丙基甜菜碱	1	2	3
月桂醇聚醚硫酸酯钠	0.5	0.8	1
丙烯酸酯共聚物	6	7	8
二硬脂酸甘油酯	2	3	4
EDTA-2Na	0.1	0.2	0.3
羟丙基三甲基氯化铵透明质酸	0.06	0.08	0.1
1,3-丁二醇	2	3	4
双咪唑烷基脲	0.01	0.02	0.03
水	60	75	80
中药提取液	4	5	6

制备方法

(1) 将乙酰壳糖胺、熊果苷、椰油酰胺丙基甜菜碱、月桂醇聚醚硫酸酯钠、丙烯酸酯共聚物、二硬脂酸甘油酯、EDTA-2Na、羟丙基三甲基氯化铵透明质酸、1,3-丁二醇和水混合后,加热至60~80℃。

(2) 将步骤(1)的混合物在真空条件下搅拌,恒温下进行乳化30~60min,待温度降至40℃时加入银耳提取物、薏苡仁油、兰花提取物和中药提取液搅拌均匀后,并加入双咪唑烷基脲,最后冷却至室温制得所述美白保湿清洁霜。

原料配伍 本品各组分质量份配比范围为:银耳提取物7~9,薏苡仁油4~6,兰花提取物6~8,乙酰壳糖胺1~2,熊果苷0.6~0.8,椰油酰胺丙基甜菜碱1~3,月桂醇聚醚硫酸酯钠0.5~1,丙烯酸酯共聚物6~8,二硬脂酸甘油酯2~4,EDTA-2Na0.1~0.3,羟丙基三甲基氯化铵透明质酸0.06~0.1,1,3-丁二醇2~4,双咪唑烷基脲0.01~0.03,水60~80和中药提取液4~6。

所述的中药提取液的制备方法:将郁金、马钱子、生地黄、白薇和益母草按质量份配比为3:5:9:15:12混合,用15倍质量的75%(质量分数)的乙醇溶液回流提取2次,每次1.5h,合并两次提取液得到中药提取液。

产品应用 本品是一种护肤品,是一种美白保湿清洁霜。

产品特性

(1) 本产品中添加了中药成分,通过中药液的消肿、活血散风和柔皮软化作用,美白和保湿的有效成分能够更加深入到肌肤中去,还原已有的黑色素,活化细胞,去除面部斑点,使皮肤达到细腻、白皙、水润的效果;

(2) 本产品中添加了天然的银耳提取物、薏苡仁油和兰花提取物,其中银耳多糖具有修复表皮、增加表皮含水量、提高角质层水分含量的功能,能大大提高皮肤的电导率积分值，提高皮肤的保水能力，并且在皮肤表面形成一层薄膜给皮肤柔软的感觉；薏苡仁油能消除粉刺、色斑，改善肤质；兰花提取物能够分解黑色素，使皮肤美白有光泽；以上三种成分相互配合，作用协同，起到很强的美白保湿效果；

（3）本产品的制备方法简单，无需昂贵的设备，方便快捷，适合于广大消费者。

配方 21 美白含酶清洁霜

原料配比

原料	配比(质量份)	原料	配比(质量份)
滑石粉	39.5	丙二醇	0.9
月桂酰谷氨酸钠	38.3	抗坏血酸	0.5
纤维素	10	枯草杆菌蛋白酶	0.015
氯化钠	4.5	脂肪酶	0.0027
麦芽糖糊精	2.98	水	1.35
汉生胶	2		

制备方法 在各种原材料预浸泡后，所有水相组分在容器1中加热到70～80℃，并加入真空均质乳化机中。在容器2中，所有油相组分加热到70～80℃，然后加到真空均质乳化机水相中去，均质化时间的长短取决于样品量，搅拌乳液，直到温度降到40℃，在该温度下，加入香精和其他热敏感组分，然后进行均质化并冷却到室温。

原料配伍 本品各组分质量份配比为：滑石粉39.5，月桂酰谷氨酸钠38.3，纤维素10，氯化钠4.5，麦芽糖糊精2.98，汉生胶2，丙二醇0.9，抗坏血酸0.5，枯草杆菌蛋白酶0.015，脂肪酶0.0027，水1.35。

产品应用 本品是一种美白含酶清洁霜。

产品特性 本产品不仅可清除皮肤表面的污垢及皮肤分泌物，保持汗腺、皮脂腺分泌物的排出畅通，防止细菌感染；而且可为皮肤护理作准备，彻底的清洁能够帮助后续营养品如：水、乳、精华、霜等的更好地吸收，达到真正的美白、保湿等护肤、润肤的效果；调节皮肤的pH值，使其恢复正常的酸碱度，保护皮肤。

配方 22 清洁霜

原料配比

原料	配比(质量份)	原料	配比(质量份)
液体石蜡	50	十六醇	7
橄榄油	10	羊毛脂	3

续表

原料	配比(质量份)	原料	配比(质量份)
二苯胺	0.1	苯甲酸	0.1
山梨醇酐单月桂酸酯	6	天然香料	0.5
失水山梨醇脂肪酸酯	8	水	100
尼泊金乙酯	0.1		

制备方法

(1) 将液体石蜡和橄榄油倒入搅拌器中，一边加热搅拌一边加入十六醇、羊毛脂及二苯胺，直到全熔融。

(2) 将水加热到 85℃，倒入山梨醇酐单月桂酸酯、失水山梨醇脂肪酸酯、尼泊金乙酯及苯甲酸，搅拌均匀。

(3) 将步骤 (2) 制得的混合物缓慢倒入步骤 (1) 制得的混合物中，搅拌并冷却至室温。

(4) 加入天然香料，搅拌均匀即可出料。

原料配伍 本品各组分质量份配比为：液体石蜡 50，橄榄油 10，十六醇 7，羊毛脂 3，二苯胺 0.1，山梨醇酐单月桂酸酯 6，失水山梨醇脂肪酸酯 8，尼泊金乙酯 0.1，苯甲酸 0.1，天然香料 0.5，水 100。

产品应用 本品是一种清洁霜。

产品特性 本产品涂在皮肤上会变得软化，容易涂抹均匀，无油腻感，能有效去除污垢，擦去后残留的适量油分能够滋润皮肤，且物料及成品无毒、无刺激、无不良反应，能保证皮肤的安全。

配方 23 清爽 O/W 型清洁霜

原料配比

原料	配比(质量份)		
	1#	2#	3#
橄榄油	8	6	5
鲸蜡醇聚氧乙烯(5)醚	3	2	1
异壬基酸异壬基醇酯	5	4	3
聚山梨醇油酸酯	1	2	3
Sepigel 501	5	—	—
Carbopol 941	—	8	10
甘油	1	2	3
去离子水	加至 100	加至 100	加至 100

制备方法 将所述量的去离子水、橄榄油、鲸蜡醇聚氧乙烯 (5) 醚、异

壬基酸异壬基醇酯、聚山梨醇油酸酯和Sepigel 501、Carbopol 941、甘油进行混合，并用搅拌机于1000～1500r/min下高速搅拌10～15min，制得所述清爽的O/W型清洁霜。

原料配伍 本品各组分质量份配比范围为：橄榄油5～8，鲸蜡醇聚氧乙烯（5）醚1～3，异壬基酸异壬基醇酯3～5，聚山梨醇油酸酯1～3，Sepigel 501 0～5，Carbopol 941 5～10，甘油1～3，去离子水加至100。

产品应用 本品主要用于化妆品技术领域，是一种清爽O/W型清洁霜。

产品特性

（1）本产品的原料包括各种油、脂、蜡、乳化剂、水和添加剂。水是一种优良的清洁剂，能从皮肤表面移除水溶性污垢。皮肤通常带负电荷，许多尘粒包括细菌也是带负电荷的，在水中，这些微粒与皮肤相斥而被除去，但水对皮肤的清洁效能是不够的；肥皂或合成的洗涤剂能使油污在水中乳化而被除去，但必须用大量的水才能洗净，而且脱脂力强，对皮肤刺激性较强；用溶剂去除油污是基于它对油污的溶解性。矿物油对油污的溶解性很好，但如果单独使用，则会在皮肤上留下一层油膜，使人有过分油腻的感觉。异构烷烃含量高的白油可以提高清洁皮肤的能力，羊毛脂、植物油具有润肤的作用，并具有溶剂的作用。

（2）清洁皮肤表面，补充皮脂的不足，滋润皮肤，促进皮肤的新陈代谢。它们能在皮肤表面形成一层护肤薄膜，阻止表皮水分的蒸发，可保护或缓解皮肤因气候变化、环境影响等因素所造成的刺激，并能为皮肤提供其正常的生理过程中所需要的营养成分，使皮肤柔软、光滑、富有弹性，从而防止或延缓皮肤的衰老，预防某些皮肤病的发生，增进皮肤的美观和健康。

（3）接触皮肤后，能借体温而软化，黏度适中，易于涂抹。

（4）能迅速经由皮肤表面渗入毛孔，并清除毛孔污垢。

（5）易于擦拭携污，皮肤感觉舒适、柔软、无油腻感。

（6）使用安全、不含有刺激性且易被皮肤吸收的成分。

配方24 清爽保湿型清洁霜

原料配比

原料	配比（质量份）		
	1#	2#	3#
橄榄油	8	6	5
鲸蜡醇聚氧乙烯（5）醚	3	2	1
异壬基酸异壬基醇酯	5	4	3
聚山梨醇油酸酯	1	2	3
Sepigel 501	5	—	—

续表

原料	配比(质量份)		
	1#	2#	3#
Carbopol 941	—	8	10
甘油	1	2	3
辣椒提取物	0.05	0.1	0.01
银耳提取物	35	30	50
去离子水	加至100	加至100	加至100

制备方法 将所述量的去离子水、橄榄油、鲸蜡醇聚氧乙烯（5）醚、异壬基酸异壬基醇酯、聚山梨醇油酸酯、Carbopol 941、Sepigel 501、甘油、辣椒提取物和银耳提取物进行混合，并用搅拌机于1000～1500r/min下高速搅拌10～15min，制得所述清爽保湿型清洁霜。

原料配伍 本品各组分质量份配比范围为：橄榄油5～8，鲸蜡醇聚氧乙烯（5）醚1～3，异壬基酸异壬基醇酯3～5，聚山梨醇油酸酯1～3，Sepigel 501 0～5，Carbopol 941 5～10，甘油1～3，辣椒提取物0.01～0.1，银耳提取物30～50，去离子水加至100。

所述辣椒提取物为采用改性溶剂法，通过粉碎、萃取、分离、浓缩、精制、纯化而得到。

所述辣椒提取物为辣椒素、辣椒醇、二氢辣素、降二氢辣素、辣椒碱、二氢辣椒碱、蛋白质、钙、磷、丰富的维生素C、胡萝卜素的混合物；优选森冉生物或西安源森生物科技有限公司所提供的辣椒提取物。

所述银耳提取物为含有α-甘露聚糖的银耳多糖。α-甘露聚糖分子中富含大量羟基、羧基等极性基团，可结合大量的水分。分子间相互交织成网状，具有极强的锁水保湿性能，发挥高效保湿护肤功能。大分子量的α-甘露聚糖具有极好的成膜性，赋予肌肤水润丝滑的感觉。α-甘露聚糖独特的空间结构，使其可保留比自身重500～1000倍的水分，质量分数为2%的α-甘露聚糖水溶液能够牢固地保持98%的水分，生成凝胶。这种含水的胶状基质可以在吸水的同时有效锁住水分，更好地发挥其高效保湿护肤功能。

产品应用 本品主要用于化妆品技术领域，是一种清爽保湿型清洁霜。

产品特性

（1）本产品的原料包括各种油、脂、蜡、乳化剂、水和添加剂。水是一种优良的清洁剂，能从皮肤表面移除水溶性污垢。皮肤通常带负电荷，许多尘粒包括细菌也是带负电荷的，在水中，这些微粒与皮肤相斥而被除去，但水对皮肤的清洁效能是不够的；肥皂或合成的洗涤剂能使油污在水中乳化而被除去，但必须用大量的水才能洗净，而且脱脂力强，对皮肤刺激性较强；用溶剂去除油污是基于它对油污的溶解性。矿物油对油污的溶解性很好，但如果单独使用，则会在皮肤上留下一层油膜，使人有过分油腻的感觉。异构烷烃含量高的白油可以提高清洁皮肤的能力，羊毛脂、植物油具有润肤的作用，并具有溶剂的作用。当清洁肌肤时，辣椒提取物中的辣椒素、辣椒醇、二氢辣素、降二氢辣素等对肌肤细胞进行刺激使其活跃，同时银耳提取物中的银耳多糖和其他滋养肌肤的元素进入到更深一层的肌肤。银耳多糖膜不易随湿度的变化而收缩，所以运用于护肤品不会有紧绷的感觉。因而在透明质酸钠的膜上形成很多裂痕，但是在银耳多糖的膜上几乎没有形成裂痕。银耳多糖比透明质酸钠的膜更具有弹性、更柔软；提高了角质层的水分含量，并且给以皮肤柔软的感觉；提高了皮肤电导率积分值，提高了皮肤的保水能力；降低了水释放常数，这表明产品能提高皮肤的屏障功能，防止水分从皮肤的蒸发，对肌肤从内到外起到锁水保湿滋养功能。

（2）清洁皮肤表面，补充皮脂的不足，滋润皮肤，促进皮肤的新陈代谢。它们能在皮肤表面形成一层护肤薄膜，阻止表皮水分的蒸发，可保护或缓解皮肤因气候变化、环境影响等因素所造成的刺激，并能为皮肤提供其正常的生理过程中所需要的营养成分，使皮肤柔软、光滑、富有弹性，从而防止或延缓皮肤的衰老，预防某些皮肤病的发生，增进皮肤的美观和健康。

（3）接触皮肤后，能借体温而软化，黏度适中，易于涂抹。

（4）能迅速经由皮肤表面渗入毛孔，并清除毛孔污垢。

（5）易于擦拭携污，皮肤感觉舒适、柔软、无油腻感。

（6）使用安全、不含有刺激性且易被皮肤吸收的成分。

（7）清洁的同时对肌肤进行深层次的滋养和锁水保湿。

配方 25　清爽清洁霜

原料配比

原料	配比（质量份）		
	1#	2#	3#
橄榄油	35	30	25
肉豆蔻酸肉豆蔻醇酯	3	2	1
失水山梨醇单硬脂酸酯	5	4	3
硬脂酸	1	2	3
Sepigel 501	5	—	—
三乙醇胺	—	8	10
丙二醇	1	2	3
去离子水	加至 100	加至 100	加至 100

制备方法　将所述量的去离子水、橄榄油、肉豆蔻酸肉豆蔻醇酯、失

水山梨醇单硬脂酸酯、硬脂酸和三乙醇胺、Sepigel 501、丙二醇进行混合，并用搅拌机于1000～1500r/min下高速搅拌10～15min，制得所述清爽清洁霜。

原料配伍 本品各组分质量份配比范围为：橄榄油25～35，肉豆蔻酸肉豆蔻醇酯1～3，失水山梨醇单硬脂酸酯3～5，硬脂酸1～3，三乙醇胺（或Sepigel 501）5～10，丙二醇1～3，去离子水加至100。

产品应用 本品主要用于化妆品技术领域，是一种清爽清洁霜。

产品特性

（1）清洁皮肤表面，补充皮脂的不足，滋润皮肤，促进皮肤的新陈代谢。它们能在皮肤表面形成一层护肤薄膜，阻止表皮水分的蒸发，可保护或缓解皮肤因气候变化、环境影响等因素所造成的刺激，并能为皮肤提供其正常的生理过程中所需要的营养成分，使皮肤柔软、光滑、富有弹性，从而防止或延缓皮肤的衰老，预防某些皮肤病的发生，增进皮肤的美观和健康。

（2）接触皮肤后，能借体温而软化，黏度适中，易于涂抹。

（3）能迅速经由皮肤表面渗入毛孔，并清除毛孔污垢。

（4）易于擦拭携污，皮肤感觉舒适、柔软、无油腻感。

（5）使用安全、不含有刺激性且易被皮肤吸收的成分。

配方26 去粉刺皮肤清洁霜

原料配比

原料	配比(质量份)	原料	配比(质量份)
珍珠粉	8	维生素甲酸	8
高岭土	25	尿素	10
骨粉	8	烷基酚聚氧乙烯醚	0.8
豆粉	15	支链烷基苯磺酸钠	0.8
牛奶	5	苯甲酸钠	0.1
凡士林	8	去离子水	150
淀粉	15		

制备方法 将苯甲酸钠溶于水中，之后在搅拌均匀下加入牛奶外的其他各种原料，最后加入牛奶，充分搅匀。

原料配伍 本品各组分质量份配比为：珍珠粉8，高岭土25，骨粉8，豆粉15，牛奶5，凡士林8，淀粉15，维生素甲酸8，尿素10，烷基酚聚氧乙烯醚0.8，支链烷基苯磺酸钠0.8，苯甲酸钠0.1，去离子水150。

产品应用 本品是一种去粉刺皮肤清洁霜。

产品特性

（1）本产品中，珍珠粉可以滋润皮肤，延缓皮肤衰老。高岭土可以抑制皮脂吸收汗液。骨粉作为填料，使得清洁霜含有粉状颗粒，可以更好地按摩和清洁皮肤。牛奶是良好的润肤剂。维生素甲酸和尿素，都是效果显著的去粉刺物质。

（2）本产品可以有效地去除皮肤陈腐角质层和污垢，减淡雀斑、黑斑印，并能促进皮肤的软化，加强皮肤对营养的吸收，使皮肤清洁、健康、毛孔紧细、光滑柔润，同时也能有效地去除粉刺。

配方 27　无刺激脸部清洁霜

原料配比

原料	配比(质量份)		
	1#	2#	3#
黄瓜提取液	8	12	16
珍珠粉	10	15	20
玫瑰精油	4	8	10
高岭土	5	8	12
棕榈酸异丙酯	4	6	8
牛骨粉	3	5	7
大豆粉	5	10	15
麻油	15	20	25
羊奶	7	11	16
凡士林	4	8	10
维生素甲酸	5	7	9
超去离子水	40	60	80
尿素	6	10	12
烷基酚聚氧乙烯醚	3	5	6
支链烷基苯磺酸钠	2	3	5
苯甲酸钠	3	4	5
白油	15	20	30
野菊花提取液	5	7	9

制备方法　将各组分原料混合均匀即可。

原料配伍　本品各组分质量份配比范围为：黄瓜提取液 8～16，珍珠粉 10～20，玫瑰精油 4～10，高岭土 5～12，棕榈酸异丙酯 4～8，牛骨粉 3～7，大豆粉 5～15，麻油 15～25，羊奶 7～16，凡士林 4～10，维生素甲酸 5～9，超去离子水 40～80，尿素 6～12，烷基酚聚氧乙烯醚 3～6，支链烷基苯磺酸钠 2～5，苯甲酸钠 3～5，白油 15～30，野菊花提取液 5～9。

产品应用 本品是一种无刺激脸部清洁霜。

产品特性 本产品容易涂抹均匀，无油腻感，含有微小颗粒，通过磨面，能有效清除陈腐的角质层和污垢，使用方便，无毒、无刺激性，滋润皮肤，能保证皮肤安全。

配方 28 无水膏型清洁霜

原料配比

原料	配比(质量份)	原料	配比(质量份)
石蜡	16	二甲基硅氧烷	2
白油	44	凡士林	27
微晶蜡	10	防腐剂、香精	1

制备方法 将各组分原料混合均匀即可。

原料配伍 本品各组分质量份配比为：石蜡 16，白油 44，微晶蜡 10，二甲基硅氧烷 2，凡士林 27，防腐剂、香精 1。

产品应用 本品是一种无水膏型清洁霜。

产品特性 本产品不仅解决了洗后面部紧绷的感觉，而且采取了容易采用的原料，也降低了生产成本。

配方 29 无水油型清洁霜

原料配比

原料	配比(质量份)		
	1#	2#	3#
石蜡	4	18	11
凡士林	20	30	25
微晶蜡	4	10	7
石油	50	60	55
地蜡	6	10	8
聚醚	2	6	4
香精	4	8	6
抗氧化剂	4	18	11
甘油	2	4	3
着色剂	4	10	7

制备方法

（1）将石蜡、凡士林、微晶蜡、石油、地蜡和聚醚放入反应器内溶混，并加热至60℃。

（2）加入香精和抗氧化剂，搅拌至冷却。

（3）加入甘油和着色剂，搅拌至冷却。

原料配伍 本品各组分质量份配比范围为：石蜡4～18，凡士林20～30，微晶蜡4～10，石油50～60，地蜡6～10，聚醚2～6，香精4～8，抗氧化剂4～18，甘油2～4和着色剂4～10。

产品应用 本品是一种无水油型清洁霜。

产品特性 本产品对油脂污垢和化妆品残留物具有良好的渗透性和溶解性，对皮肤也有良好的滋润作用。

配方30 卸妆油型清洁霜

原料配比

原料	配比(质量份)	原料	配比(质量份)
麻油	38	着色剂	0.6
白油	40	防腐剂	1.4
棕榈酸异丙酯	17.2	抗氧化剂	2
香精	0.8		

制备方法 将各组分原料混合均匀即可。

原料配伍 本品各组分质量份配比为：麻油38，白油40，棕榈酸异丙酯17.2，香精0.8，着色剂0.6，防腐剂1.4，抗氧化剂2。

产品应用 本品是一种卸妆油型清洁霜。

产品特性 本产品利用表面活性剂的湿润、渗透、乳化作用来去污，不仅具有除油污迅速、使用方便、刺激小等特点，还起到保护和滋润皮肤的作用。

配方31 滋养型清洁霜

原料配比

原料	配比(质量份)		
	1#	2#	3#
橄榄油	8	6	5
肉豆蔻酸肉豆蔻醇酯	3	2	1
异壬基酸异壬基醇酯	5	4	3
聚山梨醇油酸酯	1	2	3
Sepigel 501	5	8	10

续表

原料	配比(质量份)		
	1#	2#	3#
丙二醇	1	2	3
辣椒提取物	0.05	0.1	0.01
银耳提取物	35	30	50
去离子水	加至 100	加至 100	加至 100

制备方法 将所述量的去离子水、橄榄油、肉豆蔻酸肉豆蔻醇酯、异壬基酸异壬基醇酯、聚山梨醇油酸酯、Sepigel 501、丙二醇、辣椒提取物和银耳提取物进行混合，并用搅拌机于1000～1500r/min下高速搅拌10～15min，制得所述滋养型清洁霜。

原料配伍 本品各组分质量份配比范围为：橄榄油5～8，肉豆蔻酸肉豆蔻醇酯1～3，异壬基酸异壬基醇酯3～5，聚山梨醇油酸酯1～3，Sepigel 501 5～10，丙二醇1～3，辣椒提取物0.01～0.1，银耳提取物30～50，去离子水加至100。

所述辣椒提取物为采用改性溶剂法，通过粉碎、萃取、分离、浓缩、精制、纯化而得到。

所述辣椒提取物为辣椒素、辣椒醇、二氢辣素、降二氢辣素、辣椒碱、二氢辣椒碱、蛋白质、钙、磷、丰富的维生素C、胡萝卜素的混合物。

所述银耳提取物为含有α-甘露聚糖的银耳多糖。α-甘露聚糖分子中富含大量羟基、羧基等极性基团，可结合大量的水分。分子间相互交织成网状，具有极强的锁水保湿性能，发挥高效保湿护肤功能。大分子量的α-甘露聚糖具有极好的成膜性，赋予肌肤水润丝滑的感觉。α-甘露聚糖独特的空间结构，使其可保留比自身重500～1000倍的水分，质量分数为2%的α-甘露聚糖水溶液能够牢固地保持98%的水分，生成凝胶。这种含水的胶状基质可以在吸水的同时有效锁住水分，更好地发挥其高效保湿护肤功能。

产品应用 本品是一种滋养型清洁霜。

产品特性

(1) 本产品清洁皮肤表面，补充皮脂的不足，滋润皮肤，促进皮肤的新陈代谢。它们能在皮肤表面形成一层护肤薄膜，阻止表皮水分的蒸发，可保护或缓解皮肤因气候变化、环境影响等因素所造成的刺激，并能为皮肤提供其正常的生理过程中所需要的营养成分，使皮肤柔软、光滑、富有弹性，从而防止或延缓皮肤的衰老，预防某些皮肤病的发生，增进皮肤的美观和健康。

(2) 接触皮肤后，能借体温而软化，黏度适中，易于涂抹。

（3）能迅速经由皮肤表面渗入毛孔，并清除毛孔污垢。

（4）易于擦拭携污，皮肤感觉舒适、柔软、无油腻感。

（5）使用安全、不含有刺激性且易被皮肤吸收的成分。

（6）清洁的同时对肌肤进行深层次的滋养和锁水保湿。

第三章
洗面奶

Chapter 03

第一节　洗面奶配方设计原则

洗面奶，顾名思义，就是采用洗涤的方式清洁人体面部皮肤的乳液状产品。它可以去除皮肤表面附着的皮脂、角质层屑片、汗液等皮肤生理代谢产物以及灰尘、微生物、使用的化妆品残留物等。油脂、水及表面活性剂是构成洗面奶的最基本的成分，为提高产品的滋润性能，使之更为温和，除采用脂肪醇、脂肪酸酯、矿物油脂外，配方中还要添加一些像羊毛油、角鲨烷、橄榄油等天然动植物油脂。除了去离子水以外，水相中还经常加入一些多元醇（如甘油、丙二醇等）保湿剂，以减轻因洗面造成的皮肤干燥问题。配方中表面活性剂的作用尤为重要，它应既具有乳化作用（将配方中的油脂分散于水中形成白色乳液），又具有洗涤功能（在水的作用下除去污垢）。常用的表面活性剂有*N*-酰基谷氨酸盐、烷基磷酸酯等。除了油脂、水及表面活性剂外，洗面奶配方中还要加入香精、防腐剂、抗氧化剂等添加剂用于稳定产品，赋予其香气。另外，产品中加入杀菌剂、美白剂等原料还可以使之具有一些特殊功能。一些蔬菜、瓜果等提取物的加入还可以适当给皮肤补充一些维生素等营养成分。洗面奶产品为水包油型乳液，其去污、清洁作用包括两个方面：一是借助于表面活性剂的润湿、渗透作用，使面部污垢易于脱落，然后将污垢乳化，分散于水中；二是洗面奶中的油性成分可以作为溶剂溶解面部的油溶性污垢。前一种去污作用与香皂的作用原理相似，但不同的是洗面奶中的表面活性剂要比香皂中的皂基温和得多，且加入量也比较少。这两种清洁作用相辅相成，使洗面奶在安全、温和的同时，具有很好的去污效果，成为十分流行的面部专用清洁用品。

一、洗面奶的特点

洗面奶为弱酸性或中性白色乳液，多采用软管包装，是一种专门用来洗脸或卸妆的皮肤清洁剂。洗面奶具有良好的流动性、延展性和渗透性。可以彻底去除脸部的汗渍、灰尘、油彩、脂粉等污垢，特别是可以洗去难以清除的眼影膏。洗面奶不仅仅具有清洁肌肤的作用，通常洗面奶还兼具滋润肌肤、护肤保湿和营养肌肤等护肤功效。

理想的洗面奶应具备如下特点：

（1）色泽纯正、香气淡雅、质地细腻，具有较好的流动性、延展性和渗透性。

（2）能去除面部的汗渍、油垢、粉底、皮屑等。

（3）用其卸妆能彻底洗去油彩、脂粉、唇膏、眉笔迹以及难以去除的眼影膏。

（4）一些特殊性质的洗面奶还可以在无水条件下使用。

（5）不仅能清洁面部皮肤，而且还兼有护肤、保湿、营养皮肤等功能，用后能使面部肌肤柔嫩光洁。

用洗面奶洁面时，应取少量乳剂置于掌心，并均匀地涂敷于脸部轻轻地按摩，适度地洗面后，用清水洗净或用纸巾轻轻地抹净。洁面时切忌用力搓洗，因为面部皮肤具有天然的屏障作用和保湿作用，它可阻挡来自外界的刺激物。而当过度清洗时，洗去的恰恰是重要的脂质物和细胞组成物，导致皮肤自身的屏障作用和保湿作用减弱，危害极大。经强力搓洗过的面部皮肤不但留不住水分，而且对涂在脸上的任何膏霜都会过敏，从轻微的红疹到完全脱皮，甚至容易形成顽固的皮肤炎症。因此，最好不要同时使用多种洁面产品，因为不当的混用容易导致肌肤缺水、干燥、失去光泽。

二、 洗面奶的分类及配方设计

（1）按肤质分　按皮肤性质来分，洗面奶大致可以分为两个类型——柔和洗面奶和油性皮肤洗面奶。柔和洗面奶含有温和配方，适合中性、干性、敏感性皮肤，而油性皮肤洗面奶的配方中含油脂较少，洗完之后会觉得面部皮肤较干爽，所以适合油性、暗疮性皮肤。如果属于中性或干性的皮肤最好勿用油性洗面奶，因为这样只会使肌肤更加干燥缺水。

（2）按目的分　按使用目的不同，可分为普通型、磨砂型、疗效型三种。

（3）按对象分　按使用对象的不同，还可细分为针对不同皮肤用洗面奶、家庭用洗面奶、美容院用洗面奶等。

（4）按产品剂型分

① 泡沫型洗面奶　又分为多泡沫型与微泡沫型两种。通过表面活性剂对油脂的乳化能力而达到清洁效果。

皂剂洗面奶也是其中的一类，但是由于其特性明显，所以一般会和普通的表面活性剂洗面奶区别对待。

② 溶剂型洗面奶　这类产品是靠油与油的溶解能力来去除油性污垢，它

主要针对油性污垢，所以一般都是一些卸妆油、清洁霜等。

③ 无泡型洗面奶　这类产品结合了以上两种类型的特点，既使用了适量油分，也含有部分的表面活性剂。

④ 胶原型洗面奶　胶原蛋白洗面奶采用无皂基配方，温润舒适，能够有效地去除包括黑色素在内的脸部角质和污垢，使肌肤恢复透明清爽状态。产品中的纳米胶原蛋白成分在快速渗入肌肤、促进皮肤新陈代谢的同时，还为脸部增加了一层保护屏障，防止了脸部表皮水分的丢失和外界污染物的大量渗入，从而保护娇嫩的皮肤不受有害因素的侵袭。

(5) 按主要成分分

① 皂基型　一般由脂肪酸经氢氧化钾中和皂化而成，其主要成分以十六酸、十八酸、十二酸、十四酸等脂肪酸和氢氧化钾为主剂，配以甘油、丙二醇等多元醇、烷基糖苷氨基酸等温和表面活性剂以及香精防腐剂等形成主要基料，再根据各自开发的目的和成本控制要求对各组分的含量进行调整，并添加功效物生产而成。一般脂肪酸总含量在28%～35%，皂化率一般在75%～90%较合适，脂肪酸含量过高或皂化率过高形成的皂的总量过高，则膏体结膏的温度过高，膏体就会过硬。脂肪酸中含碳数量越高所形成的皂越黏稠。

② 表面活性剂型　洗面奶一般以月桂醇聚醚硫酸酯钠（AES）、月桂醇聚醚硫酸酯铵（AESA）、月桂醇硫酸酯铵（K12A）、十二烷基磷酸酯钾（MAPK）等阴离子表面活性剂为主表面活性剂，配以椰油酰胺丙基甜菜碱（CAB）、烷基糖苷等温和两性离子表面活性剂，再加上多元醇、珠光剂、增稠剂、芳香剂、防腐剂等生产而成。目前一般以月桂醇聚醚硫酸酯钠（AES）作为主表面活性剂的最多，因为月桂醇聚醚硫酸酯钠（AES）与盐增稠的效果最好，对成本控制最有利。

③ 氨基酸型　表面活性剂一般以椰油酰基丙氨酸钠、月桂酰肌氨酸钠等氨基酸表面活性剂，配以椰油酰胺丙基甜菜碱（CAB）、烷基糖苷等温和两性离子表面活性剂，再加上多元醇、珠光剂、增稠剂、芳香剂、防腐剂等生产而成。而氨基酸表面活性剂型洗面奶按其增稠成膏方式的不同，可以分为氨基酸自结晶增稠成膏和依靠流变性调节剂增稠成膏，一般氨基酸自结晶增稠成膏的产品中氨基酸表面活性剂含量超过20%，再加上大量的多元醇而形成自结晶，而使用流变性调节剂增稠成膏的对氨基酸表面活性剂含量没有太大的要求。

第二节　洗面奶配方实例

配方1　O/W型清爽洗面奶

原料配比

原料	配比(质量份)		
	1#	2#	3#
橄榄油	35	30	25
丙二醇	3	2	1
羊毛脂	5	4	3
硬脂酸	1	2	3
鲸蜡醇聚氧乙烯(10)醚	5	8	10
Carbopol 941	1	2	3
辣椒提取物	0.05	0.1	0.01
银耳提取物	35	30	50
去离子水	加至100	加至100	加至100

制备方法 将所述量的去离子水、橄榄油、丙二醇、羊毛脂、硬脂酸、鲸蜡醇聚氧乙烯（10）醚、Carbopol 941、辣椒提取物和银耳提取物进行混合，并用搅拌机于1000～1500r/min下高速搅拌10～15min，制得所述O/W型清爽洗面奶。

原料配伍 本品各组分质量份配比范围为：橄榄油25～35，丙二醇1～3，羊毛脂3～5，硬脂酸1～3，鲸蜡醇聚氧乙烯（10）醚5～10，Carbopol 941 1～3，辣椒提取物0.01～0.1，银耳提取物30～50，去离子水加至100。

所述辣椒提取物采用改性溶剂法，通过粉碎、萃取、分离、浓缩、精制、纯化而得到。

所述辣椒提取物为辣椒素、辣椒醇、二氢辣素、降二氢辣素、辣椒碱、二氢辣椒碱、蛋白质、钙、磷、丰富的维生素C、胡萝卜素的混合物。

所述银耳提取物为含有α-甘露聚糖的银耳多糖。α-甘露聚糖分子中富含大量羟基、羧基等极性基团，可结合大量的水分。分子间相互交织成网状，具有极强的锁水保湿性能，发挥高效保湿护肤功能。大分子量的α-甘露聚糖具有极好的成膜性，赋予肌肤水润丝滑的感觉。α-甘露聚糖独特的空间结构，使其可保留比自身重500～1000倍的水分，质量分数为2%的α-甘露聚糖水溶液能够牢固地保持98%的水分，生成凝胶。这种含水的胶状基质可以在吸水的同时有效锁住水分，更好地发挥其高效保湿护肤功能。

产品应用 本品是一种O/W型清爽洗面奶。

产品特性

（1）清洁皮肤表面，补充皮脂的不足，滋润皮肤，促进皮肤的新陈代谢。它们能在皮肤表面形成一层护肤薄膜，阻止表皮水分的蒸发，可保护或缓解皮肤因气候变化、环境影响等因素所造成的刺激，并能为皮肤提供其正常的生理过程中所需要的营养成分，使皮肤柔软、光滑、富有弹性，从而防止或延缓皮肤的衰老，预防某些皮肤病的发生，增进皮肤的美观和健康。

（2）接触皮肤后，能借体温而软化，黏度适中，易于涂抹。

（3）能迅速经由皮肤表面渗入毛孔，并清除毛孔污垢。

（4）易于擦拭携污，皮肤感觉舒适、柔软、无油腻感。

（5）使用安全、不含有刺激性且易被皮肤吸收的成分。

（6）清洁的同时对肌肤进行深层次的滋养和锁水保湿。

配方 2 保湿去痘洗面奶

原料配比

原料		配比（质量份）		
		1#	2#	3#
十二烷基硫酸钠		15	20	17
椰子油脂肪酸单乙醇酰胺		2.5	3.5	3
椰油酰胺丙基甜菜碱		2.5	3.5	3
三乙醇胺		4	6	5
脂肪酸		1.5	2.5	2
羊毛脂		1	3	2
透明质酸		5	8	6
中药提取物		5	10	8
香精		0.5	1.5	1
去离子水		加至 100	加至 100	加至 100
中药提取物	连翘	9	12	11
	野菊花	10	15	12
	菘蓝根	8	12	10
	赤芍	8	10	9
	胭脂萝卜	15	20	17
	蕹菜	10	15	12
	刺猬皮	2	4	3
	冷水丹	5	8	7
	冷蕨子草	5	8	6
	黄芩	8	12	10
	白饭树根	4	6	5
	两面针叶	8	10	9
	芋儿七	3	5	4
	生黄芪	7	9	8
	虎杖	5	8	6

制备方法

(1) 将连翘、野菊花、菘蓝根、赤芍、刺猬皮、冷水丹、冷蕨子草、黄芩、白饭树根、芋儿七、生黄芪、虎杖粉碎，得50目混合粉末。

(2) 将步骤 (1) 所得混合粉末加入总质量4倍的水中浸泡1h，文火煎煮2h，煎煮后过1000目过滤网得滤液，所得滤液冷却至室温备用。

(3) 胭脂萝卜、蕹菜、两面针叶洗净，加入步骤 (2) 所得滤液，混合榨汁后静置1h，过500目过滤网过滤，所得滤液备用。

(4) 将步骤 (3) 所得滤液加入低温真空浓缩机中，低温浓缩 (40℃以下) 至相对密度为1.35±0.02 (30℃) 的稠膏，所得稠膏真空冷冻干燥变成干燥固体，将干燥固体超微粉碎至500目粉末，即得中药提取物。

(5) 向去离子水中加入十二烷基硫酸钠、椰子油脂肪酸单乙醇酰胺、椰油酰胺丙基甜菜碱、三乙醇胺、透明质酸组分，升温至60℃，剪切力800r/min，搅拌混匀1h。

(6) 将羊毛脂与脂肪酸于60℃加热搅拌混匀。

(7) 将步骤 (6) 所得物缓慢加入步骤 (5) 所得物中，60℃恒温，剪切力为800r/min，搅拌混匀1h。

(8) 将步骤 (7) 所得物降温至40℃，向其中加入步骤 (4) 所得中药提取物，继续搅拌1h，即得保湿去痘洗面奶。

原料配伍 本品各组分质量份配比范围为：十二烷基硫酸钠15～20，椰子油脂肪酸单乙醇酰胺2.5～3.5，椰油酰胺丙基甜菜碱2.5～3.5，三乙醇胺4～6，脂肪酸1.5～2.5，羊毛脂1～3，透明质酸5～8，中药提取物5～10，香精0.5～1.5，去离子水加至100；

所述中药提取物的原料药组成及质量份配比范围为：连翘9～12份，野菊花10～15份，菘蓝根8～12份，赤芍8～10份，胭脂萝卜15～20份，蕹菜10～15份，刺猬皮2～4份，冷水丹5～8份，冷蕨子草5～8份，黄芩8～12份，白饭树根4～6份，两面针叶8～10份，芋儿七3～5份，生黄芪7～9份，虎杖5～8份。

产品应用 本品是一种保湿去痘洗面奶。

产品特性 本产品弥补了现有产品的不足，配方温和无刺激，可有效杀灭致病菌，改善修复面部皮肤，有效预防治疗面部痤疮。洗面奶在制备过程中，采用现代先进的制药技术，充分提取原料药有效成分，制得中药提取物，并将其添加入洗面奶中，使得该洗面奶在清洁护肤的同时，具有清热凉血、抗菌消炎、消肿生肌的作用，可有效治疗面部痤疮。制得中药提取物的原料药中，胭脂萝卜富含花青素和花色苷，具有较强的抗氧化作用，能够保护皮肤免受自由基的损伤；花青素还能够增强血管弹性，改善血液循环系统，从而恢复患处的血液微循环，使人体所吸收的营养成分和药物有效成分更好地通过血液循环系统到达患处，在促进药效的同时给患处肌肤的恢复提供充足的养分，促进患处皮肤的恢复。胭脂萝卜、蕹菜还富含维生素 C 和维生素 E，因为有透明质酸的配合作用，在清洁皮肤的同时，还可以起到很好的保湿护肤作用，温和滋润护肤。

配方 3 保湿洗面奶

原料配比

原料	配比(质量份)		
	1#	2#	3#
橄榄油	35	30	25
异壬基酸异壬基醇酯	3	2	1
失水山梨醇单硬脂酸酯	5	4	3
硬脂酸	1	2	3
Sepigel 501	1	8	10
丙二醇	1	2	3
辣椒提取物	0.05	0.1	0.01
银耳提取物	35	30	50
去离子水	加至 100	加至 100	加至 100

制备方法 将去离子水、橄榄油、异壬基酸异壬基醇酯、失水山梨醇单硬脂酸酯、硬脂酸、甘油、丙二醇、辣椒提取物和银耳提取物进行混合，并用搅拌机于 1000～1500r/min 下高速搅拌 10～15min，制得保湿洗面奶。

原料配伍 本品各组分质量份配比范围为：橄榄油 25～35，异壬基酸异壬基醇酯 1～3，失水山梨醇单硬脂酸酯 3～5，硬脂酸 1～3，Sepigel 501 1～10，丙二醇 1～3，辣椒提取物 0.01～0.1，银耳提取物 30～50，去离子水加至 100。

所述辣椒提取物采用改性溶剂法，通过粉碎、萃取、分离、浓缩、精制、纯化而得到。

所述辣椒提取物为辣椒素、辣椒醇、二氢辣素、降二氢辣素、辣椒碱、二氢辣椒碱、蛋白质、钙、磷、丰富的维生素 C、胡萝卜素的混合物。

所述银耳提取物为含有 α-甘露聚糖的银耳多糖。α-甘露聚糖分子中富含大量羟基、羧基等极性基团，可结合大量的水分。分子间相互交织成网状，具有极强的锁水保湿性能，发挥高效保湿护肤功能。大分子量的 α-甘露聚糖具有极好的成膜性，赋予肌肤水润丝滑的感觉。α-甘露聚糖独特的空间结构，使其可保留比自身重 500～1000 倍的水分，质量分数为 2% 的 α-甘露聚糖水溶液能够牢固地保持98%的水分，生成凝胶。这种含水的胶状基质可以在吸水的同时有效锁住水分，更好地发挥其高效保湿护肤功能。

产品应用 本品是一种保湿洗面奶。

产品特性

（1）清洁皮肤表面，补充皮脂的不足，滋润皮肤，促进皮肤的新陈代谢。它们能在皮肤表面形成一层护肤薄膜，阻止表皮水分的蒸发，可保护或缓解皮肤因气候变化、环境影响等因素所造成的刺激，并能为皮肤提供其正常的生理过程中所需要的营养成分，使皮肤柔软、光滑、富有弹性，从而防止或延缓皮肤的衰老，预防某些皮肤病的发生、增进皮肤的美观和健康。

（2）接触皮肤后，能借体温而软化，黏度适中，易于涂抹。

（3）能迅速经由皮肤表面渗入毛孔，并清除毛孔污垢。

（4）易于擦拭携污，皮肤感觉舒适、柔软、无油腻感。

（5）使用安全、不含有刺激性且易被皮肤吸收的成分。

（6）清洁的同时对肌肤进行深层次的滋养和锁水保湿。

配方4 沉香美白洗面奶

原料配比

原料		配比(质量份)				
		1#	2#	3#	4#	5#
沉香提取物		5	6	7	8	4
中草药提取物		8	14	8	10	11
芦荟提取物		10	9	4	7	10
卵磷脂		1.5	1	1	1	1
吐温-80		4	2	3	3.5	3
复合维生素		6	5	4	4.5	5
柠檬酸		1.5	1.5	2	2	1
吡咯烷酮羧酸聚乙二醇酯		10	9	10	8	7
椰油酰氨基丙基甜菜碱(CAB-35)		28	26.5	32	28	31
去离子水		加至100	加至100	加至100	加至100	加至100
复合维生素	维生素C	30	40	20	20	40
	维生素E	30	40	20	30	30
	维生素A	20	10	30	20	20
	维生素B	20	10	30	30	10

制备方法

（1）在含有去离子水的反应釜中按配比加入卵磷脂、吐温-80、复合维生素和吡咯烷酮羧酸聚乙二醇酯，缓慢搅拌均匀并升温至 80～90℃。

（2）加入椰油酰氨基丙基甜菜碱，搅拌均匀后开始降温。

（3）自然降温至 50℃加入适量柠檬酸搅拌均匀后继续降温。

（4）自然降温至 40～45℃加入沉香提取物、中草药提取物、芦荟提取物，继续搅拌。

（5）加去离子水搅拌均匀，自然条件下降温至 35℃出料，制得沉香美白洗面奶。

原料配伍　本品各组分质量份配比范围为：沉香提取物 2～8，中草药提取物 5～18，芦荟提取物 2～10，乳化剂卵磷脂 1～1.5，稳定剂吐温-80 2～4，增效剂复合维生素 4～8，防腐剂柠檬酸 1～2，保湿剂吡咯烷酮羧酸聚乙二醇酯 7～15，表面活性剂椰油酰氨基丙基甜菜碱（CAB-35）25～40 及去离子水加至 100。

所述沉香提取物的制备方法为：选取优质的沉香木，切割成沉香薄片，再将沉香薄片粉碎至 30～60 目，投入高压超临界萃取装置中，通入 CO_2，在高压状态下维持 40～60min 后，瞬间泄压，取出，再加入沉香木质量 5～8 倍的混合溶剂，低温萃取 0.5～1.5h 后离心过滤，滤液再经过中空纤维膜分离后浓缩至水分含量低于 5%，即得沉香提取物。所述优质的沉香木是指含树脂的沉香心材。高压状态为 40～60MPa；混合溶剂为氢化蓖麻油、丙二醇、去离子水按质量比为 1∶3∶6的混合物；中空纤维膜分离条件为采用截留分子量 10 万的 PVDF 膜，操作压力为 0.05～0.3MPa，料液流速为 600mL/min，操作温度为 30～35℃。

所述中草药提取物制备方法为：将黄芩、甘草、红景天、洋甘菊、川芎、大黄按质量比为 3∶(1～3)∶(1～3)∶(1～3)∶(1～2)∶1的比例组成的混合物，粉碎至 150～250 目，加 4～6 倍浓度为 40%的乙醇溶液浸泡 2h 后加热沸腾并持续 60min 煎煮，过滤除去滤渣，收集滤液浓缩，浓缩至原材料质量的 2 倍，再加入质量 1%～2%的澄清剂，澄清处理后离心，上清液再加入浓缩液质量 0.1%～0.5%的吐温 20 及浓缩液质量 45%的丙二醇，搅拌溶解后即为中草药提取物。

所述芦荟提取物的制备方法为：将新鲜的库拉索芦荟叶片去皮、切碎，加入质量 0.2%～0.6%的复合酶酶解，酶解液经过灭酶、离心后得到澄清透明的芦荟提取物。复合酶为液体纤维素酶、液体果胶酶按质量比为 3∶7的混合物，酶解条件为 37℃，1h。通过酶解，能有效地将芦荟果肉液化，降解纤维素及果胶等，最大限度地保持了芦荟提取物的有效成分不流失，也方便后续添加使用。

所述复合维生素为维生素 C、维生素 E、维生素 A、维生素 B_2 按质量比为(1～4)∶(1～4)∶(1～3)∶(1～3)的比例混合物。

产品应用 本品是一种沉香美白洗面奶。

产品特性

(1) 沉香提取物主要具有抗炎、抗氧化的作用，以及赋予产品清新、高雅的香气。中草药提取物中的各组分通过不同的机理达到美白、去斑的目的。芦荟提取物主要提供保湿及护理滋润皮肤的作用。乳化剂主要是起乳化、去污的作用。稳定剂能提高产品的稳定性。增效剂可协助促进各组分更好地作用。防腐剂可保护产品、延长产品货架期。保湿剂是保持、补充皮肤角质层中的水分。表面活性剂具有润湿、分散、发泡、去污、乳化五大作用，通过对油脂的乳化而达到清洁效果，是洁面品的主要活性物。水分能除去汗腺的分泌物和水溶性污物。

(2) 本产品以天然植物、中草药为原料，注重天然产物与现代先进提取技术的结合，根据色素沉着、色斑的形成机理，选择最为适合的配方。本产品纯天然、无不良反应、无毒害、无刺激、易吸收；各有效成分能相互协调，有美白皮肤、淡化沉着色素、去除色斑、有效护理皮肤、柔嫩肌肤等功效。

(3) 本产品以纯天然且具有芬芳与护肤作用的沉香及中草药提取物为活性成分，复合一定的乳化成分卵磷脂及天然维生素制成，能美白皮肤、淡化沉着色素、去除色斑、保持皮肤水分；能杀灭或抑制附着在皮肤表面的细菌；还能延缓衰老，促进上皮组织再生。它可除去皮肤上油脂和灰尘，达到彻底清洁的目的，保湿滋润、温和无刺激。

配方 5 硅藻洗面奶

原料配比

原料		配比(质量份)			
		1#	2#	3#	4#
硅藻提取物		8	7	7	7
保湿剂	甘油	6	3	3	3
	丙二醇	—	3	3	—
	丁二醇	—	—	—	3
脂肪醇	硬脂醇	6	6	—	—
	鲸蜡醇	—	—	6	6
油脂	矿油	7	7	—	—
	异十六烷	—	—	7	7
乳化剂	甘油单硬脂酸酯	1	1	1	1
	月桂醇聚醚磺基琥珀酸酯二钠	3	3	3	3

续表

原料		配比(质量份)			
		1#	2#	3#	4#
增稠剂	卡波姆	1	—	—	—
	黄原胶	—	1	1	1
中和剂	三乙醇胺	0.06	0.06	0.06	0.06
防腐剂	羟苯甲酯	0.15	0.15	0.15	0.15
	羟苯丙酯	0.1	0.1	0.1	0.1
	双(羟甲基)咪唑烷基脲	0.2	0.2	0.2	0.2
丁羟甲苯		0.02	0.02	0.02	0.02
香精		0.3	0.3	0.3	0.3
水		加至100	加至100	加至100	加至100

制备方法

(1) 按照上述比例定量称取水、保湿剂、增稠剂、乳化剂，将各个组分加入第一搅拌锅中，边搅拌边加热至60～90℃，搅拌至溶解完全。

(2) 将脂肪醇、油脂、乳化剂以及硅藻提取物按照上述比例加入第二搅拌锅中，边搅拌边加热至60～90℃，搅拌至溶解完全，将第二搅拌锅中的各个组分原料加入步骤（1）所述的第一搅拌锅中，搅拌5～30min至均质，继续搅拌降温至50℃。

(3) 向步骤（2）所得的第一搅拌锅中加入中和剂、防腐剂、丁羟甲苯、香精，搅拌降温至36℃，停止搅拌，出料。

(4) 灭菌、检验、分装。

原料配伍 本品各组分质量份配比范围为：保湿剂3～10，脂肪醇5～10，油脂5～10，乳化剂1～10，增稠剂1～5，防腐剂0.1～2，中和剂0.01～3，硅藻提取物2～10，水加至100。

所述硅藻提取物为硅藻壳体，所述硅藻壳体粒径为1～20μm，是从硅藻土中提取得出。

还包括丁羟甲苯0.02%～0.1%，香精0.2%～1%。

所述保湿剂为甘油、丙二醇、丁二醇或两种以上的混合物。

所述的中和剂为三乙醇胺、氢氧化钠、氢氧化钾或两种以上的混合物。

所述增稠剂为卡波姆、丙烯酸（酯）类共聚物、黄原胶或两种以上的混合物。

产品应用 本品是一种硅藻洗面奶。

产品特性 本产品利用硅藻壳体强大的吸附功能，对脸部皮肤进行有效地深度清洁，对于脸部污垢进行强效吸附。同时通过手部与脸部的相互揉搓，便于污垢进入硅藻壳体的大量空隙中，及时地将污垢引入硅藻壳体内，便于脸部快速冲洗。

配方 6　含壳聚糖硬脂酸盐的洗面奶

原料配比

原料	配比(质量份)			
	1#	2#	3#	4#
凡士林	15	16	17	18
壳聚糖硬脂酸盐	5	8	11	15
谷氨酸	3	4	5	6
苯甲酸钠	0.5	0.5	0.5	0.5
甘油	1	2	3	4
丙二醇	2	3	4	5
单硬脂酸甘油酯	1	2	3	4
柠檬香精	0.5	0.5	0.5	0.5
淀粉	2	3	3	5
去离子水	70	61	52	42

制备方法　按照质量份数，将凡士林和壳聚糖硬脂酸盐充分混合，加热到60℃；然后加入谷氨酸、苯甲酸钠，保持60℃并搅拌30min；随后加入甘油、丙二醇、单硬脂酸甘油酯和柠檬香精，降至常温，搅拌20min，形成混合物；将淀粉加入到去离子水中，加热至90℃，使之糊化；最后将糊化后的淀粉加入上述混合物中，降至常温，搅拌60min后即可制得含壳聚糖硬脂酸盐的洗面奶。

原料配伍　本品各组分质量份配比范围为：壳聚糖硬脂酸盐5～15，凡士林15～18，甘油1～4，丙二醇2～5，单硬脂酸甘油酯1～4，谷氨酸3～6，苯甲酸钠0.5，淀粉2～5，柠檬香精0.5，去离子水42～70。

所述的壳聚糖硬脂酸盐由下述方法制备：在常温下将20g壳聚糖样品溶于400g质量分数为2.5%的盐酸溶液中，形成5%壳聚糖盐酸溶液，将20g硬脂酸钠溶于150mL80℃的水中，形成硬脂酸钠溶液，然后缓慢加入到壳聚糖盐酸溶液中，80℃水浴，250r/min搅拌，反应2h，形成复合物沉淀。用200目尼龙滤布过滤，用热的去离子水洗涤3～5次，冷冻干燥之后粉碎，再用无水乙醚回流洗涤，除去未结合的硬脂酸，在真空干燥箱中除去余留的乙醚，获得干净的离子复合物。

所述壳聚糖分子量为20万、脱乙酰度为85%；所述的盐酸是质量分数为

36.5%的浓盐酸稀释成的2.5%的稀盐酸；所述的硬脂酸钠为分析纯级别硬脂酸钠；所述的凡士林为医用凡士林；所述的甘油为工业级甘油；所述的丙二醇为分析纯级丙二醇；所述的单硬脂酸甘油酯为分析纯级单硬脂酸甘油酯；所述的谷氨酸为分析纯级谷氨酸；所述的苯甲酸钠为分析纯级苯甲酸钠；所述的淀粉为医用淀粉；所述的柠檬香精为工业级的柠檬香精。

产品应用 本品是一种含壳聚糖硬脂酸盐的洗面奶。

产品特性

(1) 本洗面奶在使用时，不但有高效的去油效果，而且能保留脸部的水分，不会造成脸部的干燥紧绷。原因在于壳聚糖是一种线性高分子氨基多聚糖，线性聚合物的官能团能充分接近纤维表面，对自然纤维有足够的黏合强度和在纤维间架桥的能力，壳聚糖与硬脂酸钠为原料，利用硬脂酸钠溶液中的羧基与壳聚糖盐酸溶液中—NH_3^+基团的反应，制备疏水、亲油性的壳聚糖硬脂酸离子复合物。

(2) 洗面奶中的壳聚糖硬脂酸盐分子链中的—NH_2和—OH活性基团，与重金属离子形成配位化合物，可吸附重金属离子，说明洗面奶在去油的同时还能吸附化妆品残留的重金属离子，在皮肤的外层形成一层安全屏障。

(3) 洗面奶中含有的壳聚糖硬脂酸盐增加了细胞外膜和内膜的渗透性，—NH_3^+与细胞膜中的—P═O发生静电作用从而破坏了细菌膜的结构和功能，进而使细胞膜的完整性破坏，同时壳聚糖还影响了细胞膜蛋白的结构，从而抑制了细菌的生长，具有抗菌性，保护皮肤。

(4) 在本产品中，凡士林用作油相；甘油、丙二醇用作保湿剂；单硬脂酸甘油酯用作润肤剂；谷氨酸用作表面活性剂，能长效保湿，帮助皮肤抵抗干燥的环境，增加皮肤的弹性，增进皮肤滑嫩触感；苯甲酸钠用作防腐剂，可以防止洗面奶的氧化，而淀粉是天然高分子，来源广、环保安全，用作增稠剂效果最佳，柠檬香精赋予洗面奶良好的柠檬香气。

配方7 含有白刺多糖的洗面奶

原料配比

原料	配比(质量份)	原料	配比(质量份)
瓜儿胶	0.2	柠檬酸	0.02
椰油酰胺丙基甜菜碱	6	氯化钠(10%)	9
乙二胺四乙酸钠	0.05	珠光剂	2
MEA	1.3	洋甘菊提取物	0.5

续表

原料	配比(质量份)	原料	配比(质量份)
十六/十八混合醇	0.5	尿囊素	0.05
芦荟提取物	0.5	香精	0.2
甘油	0.4	霍霍巴油	0.5
白刺多糖	0.5	脂肪醇聚氧乙烯醚硫酸钠	12
聚乙二醇 14M	0.05	纯净水	加至 100
防腐剂	0.1		

制备方法

(1) 将瓜儿胶和乙二胺四乙酸钠用水溶解，并加热至 60～80℃。

(2) 将脂肪醇聚氧乙烯醚硫酸钠加入上述溶液中并维持温度在 60～80℃，同时搅拌。

(3) 再将柠檬酸、霍霍巴油、MEA、珠光剂、十六/十八混合醇加入上述溶液中并不断搅拌。

(4) 将甘油和聚乙二醇 14M 混合后加入上述溶液，继续搅拌，并维持温度。

(5) 降温至 40℃，加入椰油酰胺丙基甜菜碱，搅拌，再加入氯化钠，搅拌。

(6) 向上述液体中加入白刺多糖、洋甘菊提取物、芦荟提取物、防腐剂和香精，搅拌，冷却至室温，分装。

原料配伍 本品各组分质量份配比范围为：瓜儿胶 0.1～0.5，油酰胺丙基甜菜碱 5～10，乙二胺四乙酸钠 0.01～0.1，MEA 1～2，柠檬酸 0.01～0.1，氯化钠 (10%) 6～12，珠光剂 1～5，洋甘菊提取物 0.5～5，十六/十八混合醇 0.1～1，芦荟提取物 0.5～5，甘油 0.2～1，白刺多糖 0.5～5，聚乙二醇 14M 0.01～0.1，防腐剂 0.1～0.5，尿囊素 0.03～0.07，香精 0.01～0.2，霍霍巴油 0.1～1，脂肪醇聚氧乙烯醚硫酸钠 10～15，水加至 100。

所述防腐剂包括尼泊金丙酯、杰马-BP 等。香精包括茉莉香型、迷迭香型、百里香型、薄荷香型等。

所述白刺多糖是由白刺果实或果粉通过水提醇沉方法制备得到的。白刺多糖可以通过购买市售产品得到，或者可以通过现有方法进行制备。

白刺多糖与配方中的其他基质原料和添加剂复配后，保湿效果会更好，比如透明质酸、尿囊素、洋甘菊提取物、芦荟提取物等。透明质酸是理想的天然保湿因子 (NMF)，它可以改善皮肤营养代谢，使皮肤柔嫩、光滑、去皱、增加弹性、防止衰老，在保湿的同时又是良好的透皮吸收促进剂，与其他营养成分配合使用，可以起到更理想的促进营养吸收的效果。尿囊素具有杀菌防腐、抗氧化的作用，能使皮肤保持水分，同时还能促进组织生长和细胞新陈代谢、软化角质层，具有滋润、柔软皮肤的作用。

所述洋甘菊提取物含有维生素、氨基酸、黄酮等活性成分，具有抗菌、抗病毒、修护肌肤、调整肤色的功能，还具有修复皮肤裂痕、保湿、舒缓肌肤并收缩毛孔等作用。

所述芦荟提取物中含有多糖、芦荟苷、芦荟大黄素、芦荟大黄酸等成分，具有使皮肤收敛、柔软化、保湿、消炎、漂白的性能，还有解除硬化、改善伤痕的作用，不仅能防止小皱纹、眼袋、皮肤松弛，还能保持皮肤湿润、娇嫩，同时，还可以治疗皮肤炎症，可作为增稠剂、稳定剂、胶凝剂等。

所述化妆品中至少含有洋甘菊提取物和芦荟提取物。

所述化妆品中还含有尿囊素和透明质酸钠。

产品应用 本品是一种含有白刺多糖的洗面奶。

洗面奶的使用方法：用温水润湿脸部，使毛孔充分舒张，取适量本产品在手心打起泡沫，均匀涂抹于脸部，用手在脸部轻轻打圈按摩1～2min，然后用清水洗净，再用冷水清洗脸部。

产品特性

（1）本产品制备工艺简单，色泽纯正、香气淡雅、质地细腻、泡沫丰富，使用安全、无刺激性、无致敏性、无不良反应，使用后不会使皮肤产生紧绷感，保湿性好，并具有清洁皮肤、保湿锁水、防止皮肤老化的功效。

（2）本产品是一种具有营养保湿作用的化妆品，以白刺多糖、洋甘菊和芦荟提取物为主要活性成分，不仅洁面能力强，并且对人体皮肤无刺激性作用，能显著增加角质层的含水量，具有很好的保湿效果。

配方8 含有无患子皂苷的洗面奶

原料配比

原料	配比(质量份)	原料	配比(质量份)
乙二胺四乙酸二钠	0.1	氢氧化钠	4
甘油	5	蜂蜜	5
月桂酸	12	芦荟提取物	1
棕榈酸	14	去离子水	3
甘油三酯	2	无患子皂苷粉	0.5
膨润土	2	吡咯烷酮羧酸	1
椰子油	6	香精	0.02
油溶羊毛脂	2	吐温-20	0.06
硬脂酸	11	盐	0.6
去离子水	31		

制备方法

（1）将所需生产工具及乳化锅清洗干净、消毒好备用。

（2）将乙二胺四乙酸二钠、甘油、月桂酸、棕榈酸、甘油三酯、膨润土、椰子油、油溶羊毛脂、硬脂酸加入乳化锅，加热到80～85℃，搅拌熔解。

（3）降温至70℃缓慢将去离子水、氢氧化钠加入乳化锅皂化，保温搅拌30min。

（4）降温至60℃时，将预先用去离子水分散好的无患子皂苷粉加入乳化锅，再加入蜂蜜、芦荟提取物、吡咯烷酮羧酸、香精、吐温-20、盐。

（5）50℃时取样检验，合格后出料。

原料配伍 本品各组分质量份配比范围为：无患子皂苷粉0.4～0.6，溶剂35～40，洗涤剂35～40，保湿剂2.5～4，增稠剂0.5～0.7，润肤剂13～15，膨润土1.5～3，乙二胺四乙酸二钠0.08～0.12，氢氧化钠4～6，香精0.01～0.03。

所述溶剂为甘油和去离子水的混合物。

所述洗涤剂为月桂酸、棕榈酸、硬脂酸的混合物。

所述保湿剂为甘油三酯和吡咯烷酮羧酸的混合物。

所述增稠剂为吐温-20和盐的混合物。

所述润肤剂为椰子油、油溶羊毛脂、蜂蜜和芦荟提取物的混合物。

产品应用 本品主要用于皮肤清洁，清洁性能好，有效清除污垢，无异味，抗菌美容，更可辅助治疗皮肤瘙痒等症状。

产品特性

（1）无患子果皮中含有的皂苷可取代石油清洁剂，去污力强、泡沫丰富、手感细腻，具有广谱抗菌、杀菌功能，汁液pH值在5～7之间，呈自然酸性，洗涤废水100%天然降解，制备的天然日化产品无污染、无残留、无毒害。果核中含丰富的脂肪酸和蛋白质，可分别用于制作生物柴油、高级化妆品、润肤油等。无患子果皮含天然皂苷含量28%，称为天然的界面活性剂，其中内含：茶多酚，水溶性，去除面部油脂、收敛毛孔、去屑防脱、抗菌、抗皮肤老化、修复紫外线辐射对皮肤的损伤；阿魏酸，科学界公认的美容因子，具有消炎、美白抗氧化、清除自由基、抗凝血等作用；果酸，去角质，加快皮肤更新，改善存在有青春痘、黑斑、皱纹、皮肤干燥、粗糙等问题的肌肤。无患子皂苷的功效：蕴含丰富的天然皂苷、阿魏酸、果酸、茶多酚等多种有机营养素，具有很强的降低表面张力的作用，用于皮肤清洁，清洁性能好，有效清除污垢，无异味，抗菌美容，更可辅助治疗皮肤瘙痒等症状。

（2）本品利用纯天然的清洁表面活性剂，降低石油类表面活性剂的添加量，降低洗涤剂对皮肤的刺激性，更加天然环保。

配方9 含有薰衣草提取物的洗面奶

原料配比

原料	配比(质量份)	
	1#	2#
单硬脂酸甘油酯	2	4
甘油	12	15
溶胶蛋白酶	3	5
橄榄油	10	15
棕榈酸异丙酯	2	3
硅油	2	3
迷迭香精油	1	2
角鲨烷	1	2
薰衣草提取物	2	1
去离子水	加至100	加至100

制备方法 将各组分原料混合均匀即可。

原料配伍 本品各组分质量份配比范围为：单硬脂酸甘油酯2～4，甘油12～15，溶胶蛋白酶3～5，橄榄油10～15，棕榈酸异丙酯2～3，硅油2～3，迷迭香精油1～2，角鲨烷1～2，薰衣草提取物1～2，去离子水加至100。

所述薰衣草提取物由以下步骤制成：

(1) 取100kg薰衣草籽，加入水，水的质量是薰衣草籽的18～22倍，然后煎煮1h，过滤，收集煎煮液。

(2) 向步骤(1)过滤后的滤渣中加水，水的用量是滤渣质量的12～16倍，然后煎煮1h后过滤收集煎煮液，合并两次煎煮液，再浓缩至200～250kg，放冷，得到浓缩提取液。

(3) 将步骤(2)获得的浓缩提取液用盐酸溶液调pH值至2～3，然后静置12～24h，取上清液后将残渣离心，合并上清液。

(4) 将合并的上清液过聚酰胺树脂柱，过聚酰胺树脂柱的上样流速为每小时0.5倍柱体积，再用去离子水以每小时2.5～3倍柱体积的流速进行洗脱，去离子水的洗脱量为6倍柱体积，水洗液弃去后使用体积分数为55%～85%的乙醇溶液以每小时2～2.5倍柱体积的流速洗脱树脂柱，乙醇溶液的洗脱量为5倍柱体积，收集乙醇洗脱液。

(5) 对乙醇洗脱液进行减压蒸馏回收乙醇，用氢氧化钠溶液调pH值至6.0～6.5，干燥，即得到薰衣草籽提取物。

产品应用 本品是一种含有薰衣草提取物的洗面奶。

产品特性 本产品可明显改善人们的失眠症状，纯天然植物萃取物，无任何不良反应，同时具有降血压、提高皮肤紧致的作用。

配方10　含植物皂苷的洗面奶

原料配比

原料	配比(质量份)		
	1#	2#	3#
野茶油	5	8	15
蜂蜡	2	4	8
山茶籽	13	5	14
土牛膝	2	3	4
薯莨	2	3	4
春黄菊	1	3	2
光果甘草	1	3	2
天门冬	1	3	2
红花	1	3	2
苦瓜	1	3	2
青茶	1	3	5
西瓜籽	1	3	2
乳酸	1	2	3
乳酸钠盐	1	2	3
氯化钠	0.5	0.8	1
45%乙醇	适量	适量	适量
55%乙醇	适量	适量	适量
65%乙醇	适量	适量	适量
70%乙醇	适量	适量	适量
去离子水	适量	适量	适量

制备方法

(1) 将山茶籽、土牛膝、薯莨混合后用乙醇溶液超声浸提，浸提完后进行超滤，滤液经减压浓缩回收溶剂后得到组分A；其超声浸提的条件为：料液比为1∶8，超声浸提2次，每次1h，浸提温度为80℃，所用乙醇溶液的质量分数为70%。

(2) 光果甘草经干燥、粉碎、过20目筛后，用乙醇溶液超声浸提，浸提完后进行超滤，滤液经减压浓缩至原滤液体积的1/3，得到组分B；其超声浸提的条件为：料液比1∶12，浸提温度52℃，浸提3次，每次45min，所用乙醇溶液的质量分数为55%。

(3) 红花经干燥、粉碎、过10目筛后，用沸水进行浸提，浸提完后进行超滤，滤液经减压浓缩至原滤液体积的 1/5，得到组分 C；其沸水浸提时间为 25min，料液比为 1∶13。

(4) 青茶经干燥、粉碎、过 20 目筛后，用乙醇溶液进行浸提，浸提完后减压过滤，滤液经减压浓缩回收溶剂后得到组分 D；其浸提温度为 80℃，浸提时间 50min，料液比为 1∶5，所用乙醇溶液的质量分数为 45%。

(5) 天门冬、春黄菊混合后经干燥、粉碎、过 10 目筛，用乙醇溶液超声浸提，浸提完后进行超滤，滤液经减压浓缩回收溶剂后得到组分 E；其超声浸提的条件为：料液比 1∶12，浸提时间 45min，浸提温度 60℃，所用乙醇溶液的质量分数为 65%。

(6) 苦瓜经干燥、粉碎，用沸水进行浸提，浸提完后进行超滤，滤液经减压浓缩至原滤液体积的 1/3，得到组分 F；其沸水浸提时间为 30min，料液比为 1∶10。

(7) 西瓜籽干燥、粉碎，过 180 目筛，得西瓜籽粉。

(8) 将组分 B、C、D、E、F 与乳酸钠盐、去离子水混合，加热到 75℃，得到组分 G；所加去离子水的量为对应组分总质量的 5%。

(9) 趁热将组分 G 加入到 75℃蜂蜡中，并使温度保持在 70～75℃，慢慢加入野茶油和西瓜籽粉，搅拌 10 min，再加入组分 A，搅拌乳化 30min 后降温至 40℃，再加入质量分数为 0.5%的氯化钠调节黏度至 10Pa·s，并加乳酸调节 pH 值为 6.5～7.5，放凉，制得成品。

原料配伍 本品各组分质量份配比范围为：野茶油 5～15，蜂蜡 2～8，山茶籽 5～15，土牛膝 2～4，薯蓣 2～4，春黄菊 1～3，光果甘草 1～3，天门冬 1～3，红花 1～3，苦瓜 1～3，青茶 1～5，西瓜籽 1～3，乳酸 1～3，乳酸钠盐 1～3，氯化钠 0.5～1，45%、55%、65%、70%乙醇适量，去离子水适量。

产品应用 本品主要用于日化用品制备技术领域，是一种含植物皂苷的洗面奶。

产品特性 本产品不仅具有保湿、润肤、增白、舒缓、营养、防晒、抗菌、消炎止痒等作用，而且本身具有很好的防腐、抗氧化作用，使用性强、安全性好。

配方 11 核苷酸洗面奶

原料配比

原料	配比(质量份)	原料	配比(质量份)
核苷酸	0.9	去离子水	83.8
白油	9	三乙醇胺	1.8
鲸蜡	0.5	维生素 C	0.3
硬脂酸	3	防腐剂	适量
维生素 E	0.3	尼泊金甲酯	0.15
氮䓬酮	0.2		

制备方法

（1）将维生素 E 和维生素 C 等原料加热至 65℃，搅拌混合均匀备用。

（2）将核苷酸、硬脂酸、氮䓬酮和去离子水等原料加热至 85℃，混合搅拌均匀，加入步骤（1）所得物料，继续搅拌使其充分混合均匀。

（3）将白油、鲸蜡和尼泊金甲酯等原料加热至 85℃，混合搅拌均匀。

（4）将步骤（2）和步骤（3）物料混合乳化，搅拌混合均匀，加入三乙醇胺调节其酸碱度，加入防腐剂，充分混合，静置即得本品。

原料配伍 本品各组分质量份配比为：核苷酸 0.9，白油 9，鲸蜡 0.5，硬脂酸 3，维生素 E 0.3，氮䓬酮 0.2，去离子水 83.8，三乙醇胺 1.8，维生素 C 0.3，防腐剂适量，尼泊金甲酯 0.15。

产品应用 本品是一种可以清洁、软化皮肤，延缓衰老的核苷酸洗面奶，对皮肤具有良好的清洁滋润、美容养颜的效果。

产品特性

本产品所述各原料产生协调作用，清洁、软化皮肤，延缓衰老；pH 值与人体皮肤的 pH 值接近，对皮肤无刺激性；使用后明显感到舒适、柔软、无油腻感，具有明显的清洁滋润、美容养颜的效果。

配方 12 胡萝卜素洗面奶

原料配比

原料	配比(质量份)	原料	配比(质量份)
十六醇	1	吐温-80	0.2
十八醇	1	氮䓬酮	0.5
甘油	9	香精	适量
白油	2	色素	适量
单硬脂酸甘油酯	2	β-胡萝卜素	适量
皂片	2	去离子水	加至 100
甲基硅油	0.2		

制备方法

（1）将十六醇、十八醇、甘油、白油、单硬脂酸甘油酯加热熔融至 100℃。

（2）将去离子水加热至 100℃，投入皂片、甲基硅油、吐温-80 使其充分溶解。

（3）将步骤（1）物料加入步骤（2）物料中搅拌使其乳化，温度降至 80℃时加入氮䓬酮及色素，继续搅拌。

（4）将胡萝卜素溶入香精中，待步骤（3）物料温度降至 70℃时加入，充分搅拌熔化，可得本产品。

原料配伍 本品各组分质量份配比为：十六醇 1，十八醇 1，甘油 9，白油 2，单硬脂酸甘油酯 2，皂片 2，甲基硅油 0.2，吐温-80 0.2，氮䓬酮 0.5，香精、色素、β-胡萝卜素适量，去离子水加至 100。

产品应用 本品是一种深层清洁、清除自由基的胡萝卜素洗面奶，对皮肤具有良好的清洁保湿、滋润养颜效果。

产品特性 本产品深层清洁、清除自由基；pH 值与人体皮肤的 pH 值接近，对皮肤无刺激性；使用后明显感到舒适、柔软、无油腻感，具有明显的清洁保湿、滋润养颜的效果。

配方 13 黄瓜保湿洗面奶

原料配比

原料	配比(质量份)		
	1#	2#	3#
黄瓜提取液	7	10	13
聚甘油硬脂酸酯	3	4	5
椰油酰胺丙基甜菜碱	4	4.5	5
羊毛脂	6	7	8
丁二醇	2	3	4
维生素 C	1	1	1.5
透明质酸钠	1	2	3
洋甘菊	3	4	5
芦荟	4	6	7
水	30	40	50
香精	2	3	4

制备方法 将各组分原料混合均匀即可。

原料配伍 本品各组分质量份配比范围为：黄瓜提取液 7～13，聚甘油硬脂酸酯为 3～5，椰油酰胺丙基甜菜碱 4～5，羊毛脂 6～8，丁二醇 2～4，维生素 C 1～1.5，透明质酸钠 1～3，洋甘菊 3～5，芦荟 4～7，水 30～50，香精 2 ～4。

产品应用 本品是一种黄瓜保湿洗面奶。

产品特性 本产品能够杀菌、消毒、清洁疤痕，深层清洁、滋润皮肤，使肌肤光滑、柔嫩。

配方 14 紧致止痒洗面奶

原料配比

原料	配比(质量份)				
	1#	2#	3#	4#	5#
椰子油	25	38	35	30	32
鲸蜡醇	15	25	22	19	20
甘油	26	35	32	29	30
维胺酯	1	3	2.5	1.8	2
乙二胺四乙酸磷酸氢二铵盐	14	23	21	17	19
甘油单硬脂酸酯	5	14	12	8	9.5
抗氧剂	0.2	0.6	0.5	0.37	0.4
糖醇聚醚	4	12	11	8	8.6
椰油酰胺丙基氧化胺	1.8	4.6	4	3	3.3
维生素E	0.1	0.5	0.4	0.27	0.3
香精	0.1	0.4	0.35	0.2	0.25
水	250	290	280	273	276
木槿皮	5	15	13	8	10
硫黄	5	15	12	8	8
猪皮	5	15	10	6	7

制备方法

(1) 将木槿皮、猪皮分别用4～6倍的水进行两次煎煮，煎煮时间为1～2h，合并两次煎液，再进行真空浓缩，浓缩至无溶剂流出，分别得到木槿皮浓缩液和猪皮浓缩液。

(2) 将乙二胺四乙酸磷酸氢二铵盐溶于水中，再加入椰子油、鲸蜡醇、甘油、维胺酯，混合均匀后升温至60～80℃，再加入甘油单硬脂酸酯、抗氧剂、糖醇聚醚、椰油酰胺丙基氧化胺，混合均匀后降温至15～25℃，加入维生素E和香精，混合均匀。

(3) 将木槿皮浓缩液、猪皮浓缩液和硫黄加入步骤(2)得到的混合液中，搅拌混合均匀即得紧致止痒洗面奶。

原料配伍 本品各组分质量份配比范围为：椰子油25～38，鲸蜡醇15～25，甘油26～35，维胺酯1～3，乙二胺四乙酸磷酸氢二铵盐14～23，甘油单硬脂酸酯5～14，抗氧剂0.2～0.6，糖醇聚醚4～12，椰油酰胺丙基氧化胺1.8～4.6，维生素E 0.1～0.5，香精0.1～0.4，水250～290，木槿皮5～15，硫黄5～15，猪皮5～15。

产品应用 本品是一种紧致止痒洗面奶。

产品特性 该洗面奶能够有效清除皮肤表面的污物，起到长时间控油、保湿、紧致、抗皱的效果，同时该洗面奶还具有清热解毒的作用，能够抑制花粉过敏造成的皮肤瘙痒。

配方 15 抗衰老洗面奶

原料配比

原料		配比(质量份)			
		1#	2#	3#	4#
表面活性成分	月桂酰谷氨酸钠	10	8	5	10
	椰油酰胺丙基甜菜碱	1	3	3	5
	椰油单乙醇酰胺	1	3	2	3
	甲基椰油酰基牛磺酸钠	5	1	5	10
水性组分	甘油	5	1	3	5
	丙二醇	2	5	2	5
	1,3-丁二醇	2	5	3	4
营养组分	透明质酸	0.1	0.5	0.3	0.5
	角鲨烷	0.1	0.2	0.5	1
	油茶叶提取物	3	10	8	10
	茶籽蛋白水解液	3	10	6	10
辅助剂组分	柠檬酸	0.5	0.3	0.2	0.5
	氯化钠	0.5	0.6	0.5	0.9
	香精	0.1	0.1	0.15	0.15
	防腐剂	0.3	0.4	0.3	0.5
	去离子水	加至100	加至100	加至100	加至100

制备方法

(1) 备料　按照上述配比，分别取各原料，备用。

(2) 表面活性组分配制　先将备用的表面活性组分中的月桂酰谷氨酸钠加入到备用的去离子水中，搅拌至溶解均匀；然后加入备用的椰油酰胺丙基甜菜碱和椰油单乙醇酰胺，搅拌至溶解；再用备用的辅助剂组分中的柠檬酸调节其pH值为6～7，并加入甲基椰油酰基牛磺酸钠，搅拌至溶解，得组分A，备用。

(3) 水性组分配制　将备用的水性组分中的甘油、丙二醇1～5和1,3-丁二醇混合溶解，得组分B，备用。

(4) 组分混合　将备用的组分A与组分B混合，搅拌2～10min，得混合组分，备用。

(5) 均质　将备用的混合组分以4～6℃/min的速率升温至70～80℃，然后在10～20r/min的条件下搅拌，并保持此温度5～10min，得均质组分，备用。

（6）使其温度降至50～60℃，然后加入备用的营养组分中的透明质酸、角鲨烷、油茶叶提取物和茶籽蛋白水解液，并在10～20r/min的条件下持续搅拌直至温度降至40～50℃，再加入备用的辅助剂组分中的香精和防腐剂，持续搅拌至室温，即成抗衰老洗面奶。

原料配伍 本品各组分质量份配比范围为，表面活性组分：月桂酰谷氨酸钠1～10，椰油酰胺丙基甜菜碱1～5，椰油单乙醇酰胺1～3，甲基椰油酰基牛磺酸钠1～10。

水性组分：甘油1～5，丙二醇1～5，1,3-丁二醇1～5。

营养组分：透明质酸0.1～0.5，角鲨烷0.1～1，油茶叶提取物1～10，茶籽蛋白水解液1～10。

辅助剂组分：柠檬酸0.1～0.5，氯化钠0.1～1，香精0.05～0.2，防腐剂0.1～0.5。

去离子水加至100。

所述的油茶叶提取物是按下述方法制备而成：选取新鲜、健康、无污染的油茶老叶，在40～50℃下烘干至水分含量低于10%，然后粉碎，过50～70目筛，得油茶老叶粉；其后，按照每50g油茶老叶粉加体积分数为60%～80%的食用乙醇350～450mL的比例，在80～90℃下水浴回流提取2～4h后过滤；其滤渣再按照每50g油茶老叶粉加入体积分数为60%～80%的食用乙醇150～250mL的比例，并在80～90℃下水浴回流提取0.5～1.5h后过滤；合并两次滤液，得油茶叶提取液；再将油茶叶提取液减压浓缩至原体积的20%～50%，得油茶叶提取物，储存于无菌条件下。

所述的茶籽蛋白水解液是按下述方法制备而成：将已去除残油后的茶粕粉碎，过70～90目筛，按照1：(8～12）的料液质量比加入去离子水，用碱（所采用的碱为氢氧化钠或氢氧化钾或碳酸钠或碳酸钾或其他无机碱）水溶液调节pH值至9～11，然后在30～50℃条件下浸提1.5～3h，再在3000～5000r/min条件下离心处理，取上清液，并用酸（所采用的酸为盐酸或硫酸或其他无机酸）水溶液调节pH值至4～5，得茶籽蛋白水解液。

所述的月桂酰谷氨酸钠是一种氨基酸表面活性剂；所述的椰油酰胺丙基甜菜碱是一种两性离子表面活性剂，刺激小，起泡力强；所述的椰油单乙醇酰胺是一种季铵盐型两性离子表面活性剂；所述的甲基椰油酰基牛磺酸钠是一种天然来源的氨基酸表面活性剂；所述的丙二醇与丙三醇、1,3-丁二醇一起组成水性组分；所述的丙三醇用作保湿剂；所述的1,3-丁二醇用作保湿剂和溶剂；所述的角鲨烷是一种具有良好的抗氧化性能的活性成分，对皮肤亲和性好，低刺激。

所述的油茶叶提取物含有多种黄酮类化合物，具有清涂二苯基苦基肼自由基（DPPH·）的作用。

所述的茶籽蛋白水解液是含有茶籽多肽的水解液，具有清除自由基、抗氧化的作用。

柠檬酸用于调节pH；氯化钠调节黏度；香精赋予产品愉悦的香气，如香叶醇、铃兰醛、紫罗兰酮和茉莉内酯等。

所述的防腐剂为温和不刺激的化合物，如咪唑烷基脲、卡松及其复配物。

产品应用 本品是一种抗衰老洗面奶，适合于不同肤质、不同年龄的人群使用。

产品特性 本品采用温和的氨基酸表面活性成分，添加含有黄酮类化合物的油茶叶提取物，以及从茶粕中提取的天然茶籽蛋白水解液，同时添加具有保湿效果和抗氧化功效的营养成分，在有效清洁肌肤的同时保持皮肤水分，并具有减缓皮肤衰老速度之效果。

配方16 控油保湿洗面奶

原料配比

原料	配比(质量份)		
	1#	2#	3#
丙二醇	5	6	7
乳酸	6	8	10
椰子油酸二乙醇酰胺	8	10	13
棕榈酸异丙酯	6	8	9
椰油酰胺丙基甜菜碱	4	6	7
芦荟凝胶	5	7	9
竹炭粉	8	10	12
羊毛脂	7	8	10
甘油	12	13	14
溶胶蛋白酶	8	8.6	9
维生素E	6	7	8

制备方法 将各组分原料混合均匀即可。

原料配伍 本品各组分质量份配比范围为：丙二醇5～7，乳酸6～10，椰子油酸二乙醇酰胺8～13，棕榈酸异丙酯6～9，椰油酰胺丙基甜菜碱4～7，芦荟凝胶5～9，竹炭粉8～12，羊毛脂7～10，甘油12～14，溶胶蛋白酶8～9，维生素E 6～8。

产品应用 本品是一种控油保湿洗面奶。

产品特性 本产品能够疏通毛孔，改善平衡面部油脂，控油效果好，兼具补水保湿的功能，防止因面部干燥引起脱皮。

配方 17 芦荟消炎洗面奶

原料配比

原料	配比(质量份)	原料	配比(质量份)
芦荟凝胶	25	硼砂	0.15
白油	12	香精	适量
蜂蜡	3	防腐剂	适量
羊毛醇	5	去离子水	加至 100
失水山梨醇单硬脂酸酯	3.5		

制备方法

（1）将白油、蜂蜡、羊毛醇和硼砂等混合加热至 90℃，搅拌使其混合均匀。

（2）将芦荟凝胶、失水山梨醇单硬脂酸酯和去离子水混合加热至 80℃，搅拌使其熔化。

（3）将步骤（1）混合物缓缓加入步骤（2）混合物中，边加入边搅拌，待其冷却至 45℃时，加入香精和防腐剂，搅拌混合均匀，即得成品。

原料配伍 本品各组分质量份配比为：芦荟凝胶 25，白油 12，蜂蜡 3，羊毛醇 5，失水山梨醇单硬脂酸酯 3.5，硼砂 0.15，香精、防腐剂适量，去离子水加至 100。

产品应用 本品是一种温和无刺激、清洁消炎的芦荟消炎洗面奶，对皮肤具有良好的清洁保湿、消炎抗菌的效果。

产品特性 本产品温和无刺激、清洁消炎；pH 值与人体皮肤的 pH 值接近，对皮肤无刺激性；使用后明显感到舒适、柔软、无油腻感，具有明显的清洁保湿、消炎抗菌的效果。

配方 18 卵黄磷脂洗面奶

原料配比

原料	配比(质量份)	原料	配比(质量份)
十六醇	2	卵黄油	2
十八醇	2	皂粉	2
甘油	8	2,6-二叔丁基-4-甲基苯酚	0.1
白油	2	尼泊金乙酯	0.3
吐温-80	0.5	香精	适量
二甲基硅油	0.2	防腐剂	适量
单硬脂酸甘油酯	2.5	去离子水	加至 100

制备方法

（1）将十六醇、十八醇、甘油、吐温-80、二甲基硅油、单硬脂酸甘油酯等原料加热至70℃，搅拌均匀，保持恒温备用。

（2）将白油加热至60℃，加入卵黄油，搅拌均匀备用。

（3）将皂粉、2,6-二叔丁基-4-甲基苯酚、尼泊金乙酯、去离子水等原料加热至70℃，搅拌均匀备用。

（4）将上述步骤（1）和步骤（2）溶液加入到步骤（3）溶液中，搅拌冷却至40℃时加入香精、防腐剂，充分混合，即得成品。

原料配伍　本品各组分质量份配比为：十六醇2，十八醇2，甘油8，白油2，吐温-80 0.5，二甲基硅油0.2，单硬脂酸甘油酯2.5，卵黄油2，皂粉2，2,6-二叔丁基-4-甲基苯酚0.1，尼泊金乙酯0.3，香精、防腐剂适量，去离子水加至100。

产品应用　本品是一种深层清洁，保健、美容的卵黄磷脂洗面奶，对皮肤具有良好的清洁、滋润、养颜的效果。

产品特性　本产品深层清洁，保健、美容；pH值与人体皮肤的pH值接近，对皮肤无刺激性；使用后明显感到舒适、柔软、无油腻感，具有明显的清洁、滋润、养颜的效果。

配方19　麦冬保湿洗面奶

原料配比

原料	配比(质量份)	原料	配比(质量份)
麦冬多糖	9	甘油	3
硬脂酸	5	三乙醇胺	0.9
硬脂酸单甘油酯	6	香精	适量
十六醇	1	防腐剂	适量
十八醇	1	去离子水	69
辛酸/癸酸三甘油酯	5		

制备方法

（1）麦冬多糖的提取：将麦冬粉碎后，以20倍量的水加热抽提，抽提液中加入适量硅藻土，过滤，脱色，再加4倍量的水稀释，一次性经过两道孔径布艺的膜进行膜分离，截留相对分子量在1000～10000之间的组分，干燥后的成品中糖含量98%。

（2）将硬脂酸、硬脂酸单甘油酯、十六醇、十八醇等混合加热至85℃，搅拌均匀。

（3）将辛酸/癸酸三甘油酯和去离子水加热至85℃，搅拌均匀，加入步骤（2）所得混合物，混合搅拌使其充分乳化。

（4）待步骤（3）混合物温度降至50℃时加入三乙醇胺调节其酸碱度，温度降至40℃时加入香精和防腐剂，充分搅拌均匀即可得本品。

原料配伍 本品各组分质量份配比为：麦冬多糖9，硬脂酸5，硬脂酸单甘油酯6，十六醇1，十八醇1，辛酸/癸酸三甘油酯5，甘油3，三乙醇胺0.9，香精、防腐剂适量，去离子水69。

产品应用 本品是一种温和清洁、清除自由基的麦冬保湿洗面奶，对皮肤具有良好的深层清洁、滋润保湿的效果。

产品特性 本产品温和清洁、清除自由基；pH值与人体皮肤的pH值接近，对皮肤无刺激性；使用后明显感到舒适、柔软、无油腻感，具有明显的深层清洁、滋润保湿的效果。

配方20 美白洗面奶

原料配比

原料	配比(质量份)		
	1#	2#	3#
月桂醇醚琥珀酸酯磺酸二钠盐	10	11	12
乙酸月桂酯磺酸钠盐	7	8	9
胶原蛋白	13	14	15
羟丙基甲基纤维素	3	4	5
果酸	14	16	17
单硬脂酸甘油酯	8	10	13
芦荟提取物	9	12	15
丝瓜提取液	5	7	9
香料	7	9	10
去离子水	10	13	15

制备方法 将各组分原料混合均匀即可。

原料配伍 本品各组分质量份配比范围为：月桂醇醚琥珀酸酯磺酸二钠盐10～12，乙酸月桂酯磺酸钠盐7～9，胶原蛋白13～15，羟丙基甲基纤维素3～5，果酸14～17，单硬脂酸甘油酯8～13，芦荟提取物9～15，丝瓜提取液5～9，香料7～10，去离子水10～15。

产品应用 本品主要是一种美白洗面奶。

产品特性 本产品使用后清爽不紧绷，能够有效收缩毛孔，改善平衡面部油脂，美白护肤。

配方21 美肤洗面奶

原料配比

原料		配比(质量份)		
		1#	2#	3#
溶剂	水	38.3	40.3	36.3
表面活性剂	硬脂酸	18	18	18
	月桂酸	5	5	5
	肉豆蔻酸	5	5	5
	月桂酰谷氨酸钠	5	5	5
	水	0.7	0.7	0.7
	甲基椰油酰基牛磺酸钠	0.3	0.3	0.3
保湿剂	甘油	12	12	12
pH 调节剂	氢氧化钾	6.5	6.5	6.5
增稠剂	PEG-6 二硬脂酸酯	1	1	1
皮肤调理剂	艾叶提取物	6	4	8
	艾灰(炭粉)	1	1	1
	艾叶油	0.2	0.2	0.2
润肤剂	葡萄籽油	0.5	0.5	0.5
防腐剂	乙内酰脲(DMDM)	0.3	0.3	0.3
芳香剂	香精	0.2	0.2	0.2

制备方法

(1) 将除甲基椰油酰基牛磺酸钠外的表面活性剂加入主乳化锅，搅拌升温80～85℃，均质5～6min，使物料全部溶解，备用。

(2) 将溶剂、保湿剂、pH 调节剂和艾灰加入水相锅，升温到70～80℃，保温8～12min，备用。

(3) 将水相锅的原料慢慢抽入主乳化锅，抽完后，均质5～6min，缓慢搅拌，温度在80～85℃保温30～35min，然后缓慢搅拌降温。

(4) 按质量比7∶3的比例，将65～70℃的水和甲基椰油酰基牛磺酸钠混合溶解，当主乳化锅降温到60～65℃时，加入溶解好的甲基椰油酰基牛磺酸钠，继续抽真空缓慢搅拌降温。

(5) 当主乳化锅降温到40～45℃时，加入防腐剂、芳香剂、艾叶提取物、艾叶油、葡萄籽油，继续抽真空缓慢搅拌降温，降温到料体变成灰色珠光膏体时，即得美肤洗面奶。

原料配伍 本品各组分质量份配比范围为：硬脂酸16～19，月桂酸4～6，肉豆蔻酸4～6，月桂酰谷氨酸钠4～6，甲基椰油酰基牛磺酸钠0.2～0.4，氢氧化钾6～8，PEG-6 二硬脂酸酯1～2，甘油10～13，乙内酰脲0.2～0.4，香精0.1～0.2，艾灰1～2，艾叶提取物4～8，艾叶油0.2～0.3，葡萄籽油

0.5～0.6，水36～42。

所述艾叶提取物、艾灰和艾叶油的制备方法如下：按1∶40的质量比将艾叶加入去离子水中，进行蒸馏，将蒸馏产物进行油水分离，即得艾叶油和艾叶提取液；将艾绒燃烧后取其烧后的灰，即得艾灰。

所述皂基基料包括表面活性剂、pH调节剂、增稠剂、保湿剂、防腐剂、芳香剂和溶剂。

所述表面活性剂为硬脂酸、月桂酸、肉豆蔻酸、月桂酰谷氨酸钠、甲基椰油酰基牛磺酸钠中的一种或几种。

所述pH调节剂为氢氧化钾。

所述增稠剂为PEG-6二硬脂酸酯。

所述保湿剂为甘油。

所述防腐剂为乙内酰脲（DMDM）。

所述芳香剂为香精。

所述溶剂为水。

产品应用 本品主要是一种美肤洗面奶。

产品特性

（1）本产品的活性成分中的原料艾草具有良好的行气活血、消火化瘀功能，有效地改善皮肤的血液循环，防止水分流失，改善气色，深入滋养润泽肌肤，使粗糙肌肤细腻、增加皮肤弹性；抗菌、去痘、去黄、保湿不紧绷、舒缓镇静、温和不刺激。

（2）本产品具有清洁力强，用后不紧绷，不干燥，温和不刺激，还有疏通毛孔，预防青春痘，提亮肤色等功效。

配方22 美容养颜洗面奶

原料配比

原料	配比(质量份)			
	1#	2#	3#	4#
蛋清	6	7	8	9
45°的白酒	10	10	11	11
中草药提取液	5	6	6	7
维生素E	0.2	0.3	0.4	0.4
蜂蜜	3	4	4	4
米醋	1	1	1	2

续表

原料		配比(质量份)			
		1#	2#	3#	4#
表面活性剂	椰子酰甲基牛磺酸钠	2	—	—	—
	烷基二甲基氧化铵和酰氨基聚氧乙烯醚硫酸镁的混合物	—	3	—	—
	酰氨基聚氧乙烯醚硫酸镁	—	—	3	4
保湿剂	胶原蛋白	—	—	3	3
	丙三醇	1	3	—	—
去离子水		55	48	50	52
中草药提取液	银杏提取液	25	25	25	25
	茯苓提取液	30	30	30	30
	山楂提取液	15	15	15	15
	生姜提取液	10	10	10	10
	白芍提取液	10	10	10	10
	白芷提取液	5	5	5	5
	甘草提取液	5	5	5	5

制备方法

(1) 处理生鸡蛋　将生鸡蛋放入容器中，用30°～50°的白酒浸泡，于30～35℃室温下密封7d后取出。

(2) 制备蛋清　滤出步骤（1）所述的生鸡蛋中的蛋清备用。

(3) 制备中草药提取液　取体积分数为20%～30%的银杏提取液、25%～35%的茯苓提取液、10%～20%的山楂提取液、5%～15%的生姜提取液、5%～15%的白芍提取液、2%～7%的白芷提取液和2%～7%的甘草提取液，混合均匀后得到中草药提取液备用。

(4) 制备混合料　在反应釜中投入步骤（2）所述的蛋清6～10份、30°～50°的白酒10～12份、步骤（3）所述的中草药提取液5～8份、维生素E 0.2～0.5份、蜂蜜3～5份、米醋1～2份、表面活性剂2～4份，保湿剂1～6份，去离子水45～55份。

(5) 制备洗面奶　将步骤（4）所述的混合料水浴加热到70～85℃，搅拌使混合料成膏状，之后自然冷却即成最终产品。

原料配伍　本品各组分质量份配比范围为：蛋清6～10，30°～50°的白酒10～12，中草药提取液5～8，维生素E 0.2～0.5，蜂蜜3～5，米醋1～2，表面活性剂2～4，保湿剂1～6，去离子水45～55。

所述中草药提取液包括体积分数为20%～30%的银杏提取液、25%～35%

的茯苓提取液、10%～20%的山楂提取液、5%～15%的生姜提取液、5%～15%的白芍提取液、2%～7%的白芷提取液和2%～7%的甘草提取液。

所述表面活性剂选自椰子酰甲基牛磺酸钠、酰氨基聚氧乙烯醚硫酸镁、烷基二甲基氧化铵、十二烷基二甲基氧化铵中的一种或几种。

所述保湿剂选自丙三醇、丙二醇、1,3-丁二醇、聚乙二醇、吡咯烷酮羧酸钠、乳酸和乳酸钠、胶原蛋白、氨基酸、透明质酸中的一种或几种。

所述蛋清为生鸡蛋经30°～50°的白酒浸泡、并于30～35℃室温下密封7d后滤出的。

所述银杏提取液的制备方法为：取银杏，加5倍量70%的乙醇，加氮气保护提取3～5次，每次1h，减压回收乙醇，合并每次提取液，得银杏提取液。

所述茯苓提取液的制备方法为：取茯苓，加10倍量95%的乙醇，常温冷浸3～5次，每次20～30h，合并每次提取液，得茯苓提取液。

所述山楂提取液的制备方法为：取山楂，加水煎煮提取3～5次，得山楂浆液，再将山楂浆液用果胶酶处理、过滤，合并每次提取液，得山楂提取液。

所述生姜提取液的制备方法为：取生姜，放入沸水中，煮40min，冷却、去渣，得生姜提取液。

所述白芍提取液的制备方法为：取白芍，加10倍量95%的乙醇超声提取3～5次，每次2～5h，合并每次提取液，得白芍提取液。

所述白芷提取液的制备方法为：取白芷，加10倍量95%的乙醇回流3～5次，每次2～4h，合并每次提取液，得白芷提取液。

所述甘草提取液的制备方法为：取甘草，粉碎，过10目筛，得甘草粉，取甘草粉放入反应器中，加5倍量的水，搅拌加热至85℃，回流3～5次，每次2～4h，合并每次提取液，得甘草提取液。

产品应用 本品是一种美容养颜洗面奶。

产品特性

（1）洗面奶中含有消除自由基、抗衰老的银杏，去斑、去痘、增白、润泽皮肤的茯苓，排毒养颜、去斑、美白的山楂，减弱自由基、加快肌肤深层修复、改善皮肤表面痘印的生姜，治疗面色萎黄、面部色斑、无光泽，清除自由基、修复人类角化细胞、延缓皱纹形成的白芍，改善局部血液循环、消除色素在组织中过度堆积、促进皮肤细胞新陈代谢的白芷，美白消炎、防衰老的甘草。通过将这些材料的提取液制成中草药提取液，并与经白酒浸泡后具有美白、去皱的生鸡蛋蛋清液等混合制成洗面奶，同时具有美白、去斑、去皱、抗衰老、增强皮肤弹性、润泽皮肤、去痘、改善皮肤表面痘印的美容养颜功效。

（2）本产品含有生鸡蛋用白酒浸泡并密封7d后滤出的蛋清，由于白酒能稀释蛋清，一方面增加了蛋清的美白去皱效果，另一方面能杀菌消炎、缓解脸部的青春痘问题。

（3）洗面奶采用纯天然植物，不含对皮肤有刺激性的化学物质，未加入重金属物质等，对皮肤无刺激性，不易引起皮肤过敏。

（4）洗面奶含有丰富的蜂蜜，可润燥解毒、滋养皮肤，消除过敏及湿疹，而且温和，洗后皮肤不会产生紧绷感。

（5）洗面奶含有丰富的维生素E，可以保护肌肤抵挡紫外线的辐射、预防黑色素的生成，进一步加强美白效果。

（6）本产品制作方法简单，原材料价格低廉。

配方23 嫩肤洗面奶

原料配比

原料	配比(质量份)	
	1#	2#
单硬脂酸甘油酯	4	4
橙花精油	2	1
甘油	15	12
玫瑰精油	2	2
溶胶蛋白酶	5	3
橄榄油	15	15
棕榈酸异丙酯	3	2
柠檬精油	2	2
角鲨烷	2	1
薰衣草提取物	2	2
去离子水	加至100	加至100

制备方法 将各组分原料混合均匀即可。

原料配伍 本品各组分质量份配比范围为：单硬脂酸甘油酯2～4，橙花精油1～2，甘油12～15，玫瑰精油1～2，溶胶蛋白酶3～5，橄榄油10～15，棕榈酸异丙酯2～3，柠檬精油1～2，角鲨烷1～2，薰衣草提取物1～2，角鲨烷1～2，薰衣草提取物1～2，去离子水加至100。

所述薰衣草提取物由以下步骤制成：

（1）取100kg薰衣草籽，加入水，水的质量是薰衣草籽的18～22倍，然后煎煮1h，过滤，收集煎煮液。

（2）向步骤（1）过滤后的滤渣中加水，水的用量是滤渣质量的12～16

倍，然后煎煮 1h 后过滤收集煎煮液，合并两次煎煮液，再浓缩至 200～250kg，放冷，得到浓缩提取液。

(3) 将步骤 (2) 获得的浓缩提取液用盐酸溶液调 pH 值至 2～3，然后静置 12～24h，取上清液后将残渣离心，合并上清液。

(4) 将合并的上清液过聚酰胺树脂柱，过聚酰胺树脂柱的上样流速为每小时 0.5 柱体积，再用去离子水以每小时 2.5～3 柱体积的流速进行洗脱，去离子水的洗脱量为 6 倍柱体积，水洗液弃去后使用体积分数为 55%～85%的乙醇溶液以每小时 2～2.5 柱体积的流速洗脱树脂柱，乙醇溶液的洗脱量为 5 倍柱体积，收集乙醇洗脱液。

(5) 对乙醇洗脱液进行减压蒸馏回收乙醇，用氢氧化钠溶液调 pH 值 6.0～6.5，干燥，即得到薰衣草籽提取物。

产品应用 本品是一种嫩肤洗面奶。

产品特性 本产品是纯天然植物萃取物，无任何不良反应，可提高皮肤紧致性，对皮肤有较好的亲和性，不会引起过敏和刺激，同时平衡肌肤表层油脂分泌、舒缓敏感肌肤、收敛毛孔、补充肌肤水分，持久保护肌肤不受青春痘、粉刺的干扰。

配方 24 清凉洗面奶

原料配比

原料	配比(质量份)	原料	配比(质量份)
AES	10	乙二醇单硬脂酸酯	2
6501	5	平平加	1
BS-12	2	柠檬酸	0.4
甘油	2	六神提取液	0.05
氯化钠	0.5	去离子水	加至 100
皂粉	1		

制备方法

(1) 将去离子水加热至 100℃，加入脂肪醇醚硫酸钠 (AES)、乙二醇单硬脂酸酯、聚氧化乙烯十八烷基醇醚 (平平加)、椰子油二乙醇酰胺 (6501)、十二烷基二甲基己内酯 (BS-12)、皂粉和甘油等原料，搅拌均匀，使其充分溶解备用。

(2) 将步骤 (1) 物料冷却至 75℃时，加入柠檬酸、氯化钠和六神提取液等原料，搅拌均匀备用。

(3) 将步骤 (2) 物料冷却至 45℃时加入适量香精、色素，搅拌溶解，静置即得成品。

原料配伍 本品各组分质量份配比为：AES10，65015，BS-122，甘油 2，氯化钠 0.5，皂粉 1，乙二醇单硬脂酸酯 2，平平加 1，柠檬酸 0.4，六神提取液 0.05，去离子水加至 100。

产品应用 本品是一种深层清洁、消炎解毒的清凉洗面奶，对皮肤具有良好的美容养颜、清洁、保健肌肤的效果。

产品特性 本产品深层清洁，消炎解毒；pH 值与人体皮肤的 pH 值接近，对皮肤无刺激性；使用后明显感到舒适、柔软、无油腻感，具有明显的美容养颜、清洁、保健肌肤的效果。

配方 25 清爽型洗面奶

原料配比

原料	配比(质量份)		
	1#	2#	3#
橄榄油	8	6	5
三乙醇胺	3	2	1
失水山梨醇单硬脂酸酯	5	4	3
聚山梨醇油酸酯	1	2	3
Sepigel 501	15	8	10
甘油	1	2	3
辣椒提取物	0.05	0.1	0.01
银耳提取物	35	30	50
去离子水	加至 100	加至 100	加至 100

制备方法 将所述量的去离子水、橄榄油、三乙醇胺、失水山梨醇单硬脂酸酯、聚山梨醇油酸酯、辣椒提取物、银耳提取物和 Sepigel 501、甘油进行混合，并用搅拌机于 1000～1500r/min 下高速搅拌 10～15min，制得所述清爽型洗面奶。

原料配伍 本品各组分质量份配比范围为：橄榄油 5～8，三乙醇胺 1～3，失水山梨醇单硬脂酸酯 3～5，聚山梨醇油酸酯 1～3，Sepigel 501，甘油 1～3，辣椒提取物 0.01～0.1，银耳提取物 30～50，去离子水加至 100。

所述辣椒提取物采用改性溶剂法，通过粉碎、萃取、分离、浓缩、精制、纯化而得到。

所述辣椒提取物为辣椒素、辣椒醇、二氢辣素、降二氢辣素、辣椒碱、二氢辣椒碱、蛋白质、钙、磷、丰富的维生素 C、胡萝卜素的混合物。

所述银耳提取物为含有 α-甘露聚糖的银耳多糖。α-甘露聚糖分子中富含大量羟基、羧基等极性基团，可结合大量的水分。分子间相互交织成网状，具有极强的锁水保湿性能，发挥高效保湿护肤功能。大分子量的α-甘露聚糖具有极好的成膜性，赋予肌肤水润丝滑的感觉。α-甘露聚糖独特的空间结构，使其可保留比自身重500～1000倍的水分，质量分数为2%的α-甘露聚糖水溶液能够牢固地保持98%的水分，生成凝胶。这种含水的胶状基质可以在吸水的同时有效锁住水分，更好地发挥其高效保湿护肤功能。优选上海康舟真菌多糖有限公司提供的银耳提取物。

产品应用 本品是一种清爽型洗面奶。

产品特性

(1) 本产品清洁皮肤表面，补充皮脂的不足，滋润皮肤，促进皮肤的新陈代谢。它们能在皮肤表面形成一层护肤薄膜，阻止表皮水分的蒸发，可保护或缓解皮肤因气候变化、环境影响等因素所造成的刺激，并能为皮肤提供其正常的生理过程中所需要的营养成分，使皮肤柔软、光滑、富有弹性，从而防止或延缓皮肤的衰老，预防某些皮肤病的发生，增进皮肤的美观和健康。

(2) 接触皮肤后，能借体温而软化，黏度适中，易于涂抹。

(3) 能迅速经由皮肤表面渗入毛孔，并清除毛孔污垢。

(4) 易于擦拭携污，皮肤感觉舒适、柔软、无油腻感。

(5) 使用安全、不含有刺激性且易被皮肤吸收的成分。

(6) 清洁的同时对肌肤进行深层次的滋养和锁水保湿。

配方 26 去斑洗面奶

原料配比

原料	配比(质量份)				
	1#	2#	3#	4#	5#
丁基羟基茴香醚	1	3	1.5	2.5	2
羊毛脂	6	13	8	11	10
角鲨烷	10	20	12	18	15
海藻提取物	6	14	8	12	10
乳木果油	8	16	10	14	12
牛油果油	8	16	10	14	12
桃胶	1	3	1.5	2.5	2
玫瑰精油	0.5	2.5	1	2	1.5
中药添加剂	5	10	6	9	8

续表

原料		配比(质量份)				
		1#	2#	3#	4#	5#
中药添加剂	一味药根	4	12	6	10	8
	姜黄	6	12	8	10	9
	五灵脂	4	10	6	8	7
	乳香	5	12	7	10	9
	麋脂	4	9	6	8	7
	丹参	4	10	6	8	7
	桃仁	6	10	7	9	8
	芦荟	6	12	8	10	9
	洋甘菊	6	10	7	9	8

制备方法

(1) 将丁基羟基茴香醚、羊毛脂、角鲨烷、海藻提取液、乳木果油、牛油果油、桃胶加入到反应釜中，在真空度为0.02～0.06MPa的条件下加热到40～50℃，搅拌60～120min，得到混合物A。

(2) 将玫瑰精油、中药提取物加入到步骤(1)制得的混合物A中，搅拌均匀，得到混合物B。

(3) 将步骤(2)制得的混合物B送入到高剪切乳化机中，通过机械剪切搅拌均匀，直至搅拌成乳膏状，即得所述的去斑洗面奶。高剪切乳化剂转速为2400～2500r/min。

原料配伍 本品各组分质量份配比范围为：丁基羟基茴香醚1～3，羊毛脂6～13，角鲨烷10～20，海藻提取物6～14，乳木果油8～16，牛油果油8～16，桃胶1～3，玫瑰精油0.5～2.5，中药添加剂5～10。

所述中药添加剂由以下质量份的原料药制成：一味药根4～12份、姜黄6～12份、五灵脂4～10份、乳香5～12份、麋脂4～9份、丹参4～10份、桃仁6～10份、芦荟6～12份、洋甘菊6～10份。

所述中药添加剂的制备方法为：将五灵脂、乳香、麋脂进行超微粉碎，并过325目网筛得超微粉；将一味药根、姜黄、丹参、桃仁、芦荟、洋甘菊装入球磨机研磨2h，过80目筛，得研磨粉；将所得的研磨粉放置于超临界萃取仪中的萃取釜中，利用二氧化碳作为介质进行萃取，萃取釜压力为40MPa，萃取温度为45℃，分离器压力为12MPa，分离器温度为70℃，萃取2h后，得到萃取液，将萃取液喷雾干燥，所得粉末与超微粉混合，得中药提取物。

产品应用 本品是一种去斑洗面奶，适用于当代都市女性、青春期男女和中老年人。

产品特性

(1) 本产品选取的各种组分，能够通过有效的配比，深层次清洁肌肤，并能滋润肌肤，通过添加中药添加剂，赋予了本产品解毒杀虫、活血化瘀、消肿生肌、收敛肌肤、抗过敏的功效，使得本产品具有柔嫩皮肤、增强血液循环、活化表皮细胞、促进肌肤细胞新陈代谢的作用，增进表面皮肤的造血功能，可以修复面部肌肤、消除雀斑。

（2）本产品温和无刺激性，起泡性能好，清洁能力强，对肌肤亦无其他不良反应，清洁完面部肌肤后，不油腻，可长时间保湿，使用方便，适用范围广。

配方 27 去痘洗面奶

原料配比

原料		配比(质量份)				
		1#	2#	3#	4#	5#
丁基羟基茴香醚		0.5	1.5	0.75	1.25	1
椰油酰胺丙基甜菜碱		3	7	4	6	5
茶树精油		0.2	0.6	0.3	0.5	0.4
火山泥		4	8	5	7	6
深海鱼子提取液		3	8	4	7	6
鲸蜡		4	8	5	7	6
水解液		3	7	4	6	5
柠檬酸		1	3	1.5	2.5	2
中药添加剂		3	7	4	6	5
无菌水		20	40	25	35	30
中药添加剂	三七总皂苷	2	7	3	6	5
	牡丹皮	3	7	4	6	5
	蝉蜕	1	6	3	5	4
	蓝桉	4	8	5	7	6
	白芨	3	7	4	6	5
	玄参	5	10	6	9	8
	金缕梅	6	14	8	12	10
	洋甘菊	3	8	4	7	6
	梅子	4	12	6	10	8
	桃花	5	15	8	12	10
	冬瓜子	2	6	3	5	4
	白果	3	7	4	6	5
	芦荟	4	10	6	8	7

制备方法

（1）将丁基羟基茴香醚、椰油酰胺丙基甜菜碱、鲸蜡、柠檬酸与一半质量的无菌水依次加入反应釜中，升温至60～70℃，搅拌均匀，作为油相备用。

（2）将深海鱼子提取液、水解液、中药添加剂加入剩余的无菌水中，加热至60～70℃，并搅拌均匀，得水相备用。

（3）将茶树精油、火山泥、步骤（1）制备的油相和步骤（2）制备的水相依次加入乳化机，进行乳化，直至得到质地细腻均匀的乳膏状，即得所述的洁面乳。

原料配伍 本品各组分质量份配比范围为：丁基羟基茴香醚0.5～1.5，椰油酰胺丙基甜菜碱3～7，茶树精油0.2～0.6，火山泥4～8，深海鱼子提取液3～8，鲸蜡4～8，水解液3～7，柠檬酸1～3，中药添加剂3～7，无菌水20～40。

所述中药添加剂由以下质量份的原料药制成：三七总皂苷2～7份，牡丹皮3～7份，蝉蜕1～6份，蓝桉4～8份，白芨3～7份，玄参5～10份，金缕梅6～14份，洋甘菊3～8份，梅子4～12份，桃花5～15份，冬瓜子2～6，白果3～7份，芦荟4～10份。

所述中药添加剂的制备方法为：将新鲜、无破损的金缕梅、洋甘菊、梅子、桃花、芦荟清洗干净后，加入质量分数为75%的乙醇溶液中，在低于60℃的温度下浸提；将浸提过的花和浸提液离心分离得鲜花果汁；将鲜花果汁过滤除杂后，回收乙醇，并高温瞬间灭菌，得浓缩花果汁；将牡丹皮、蝉蜕、蓝桉、白芨、玄参、冬瓜子、白果研磨成80目细粉后，放置于超临界萃取仪中的萃取釜中，利用二氧化碳作为介质进行萃取，萃取釜压力为40MPa，萃取温度为45℃，分离器压力为12MPa，分离器温度为70℃，萃取2h后，得到萃取液；将浓缩花果汁和萃取液混合均匀后进行喷雾干燥，与三七总皂苷混合后进行超微粉碎，并过200目网筛，得中药提取物。

所述的乳化方法为高剪切与搅拌相结合的工艺。

产品应用 本品是一种去痘洗面奶。可有效调节皮肤油脂平衡，改善修复受损肌肤，有效预防和治疗面部痤疮问题。

使用方法：将面部充分打湿后，取黄豆粒大小的本产品于手掌心，加少许水，双手摩擦至打出丰富的泡沫，把泡沫涂在脸上，然后轻轻打圈按摩，然后用清水将其冲掉。注意按摩时不要太用力，以免产生皱纹，在脸上停留的时间不要超过1min。

产品特性 本产品采用深海生物精华和草本植物精华相配合的配方，充分提取各种原料的有效成分，并使所有有效成分充分融合在一起，配方温和无刺激，不添加化学防腐剂和抑菌剂，在有效去污、保湿的同时，可有效调节皮肤油脂平衡，抑菌消炎、解毒散结、消痛排脓，改善修复受损肌肤，有效预防和治疗面部痤疮，使面部肌肤细腻柔滑。

配方 28　中药护肤美白洗面奶

原料配比

原料	配比(质量份)	
	1#	2#
丝瓜	0.6～0.8	0.6～0.8
樱桃	0.9～1.1	0.9～1.1
十六醇	4～5	4～5
羟丙基甲基纤维素	0.5～0.7	0.5～0.7
山梨糖醇	10～17	10～17
硬脂酸	2～4	2～4
人参	1～3	1～3
海藻	1～3	1～3
当归	1～3	1～3
甘油	10～12	10～12
角鲨烷	2～4	2～4
艾叶	3～7	3～7
薰衣草	4～8	4～8
蜂蜜	25～40	25～40
牛奶	15～26	15～26
甘草	—	2～5
白芨	—	5～8

制备方法

(1) 将丝瓜去皮后榨取汁液，再过滤去除杂质，得丝瓜提取液；将樱桃洗净去籽后榨取汁液，再过滤去除杂质，得樱桃提取液；分别取丝瓜提取液0.6～0.8份、樱桃提取液0.9～1.1份。

(2) 将人参、海藻、当归、艾叶、薰衣草洗净，并进行机械破碎；破碎后，进行加热干燥，干燥后分别将上述的中药材进行研磨，滤网过滤后分别取人参1～3份、海藻1～3份、当归1～3份、艾叶3～7份、薰衣草4～8份；搅拌混合均匀制得中药粉；所述的滤网粒径为80目。所述的加热干燥烘干温度为60℃，烘干时间为2h。

(3) 取十六醇4～5份、羟丙基甲基纤维素0.5～0.7份、山梨糖醇10～17份、甘油10～12份、角鲨烷2～4份、硬脂酸2～4份、蜂蜜25～40份和牛奶15～26份，并与步骤(1)制得的丝瓜提取液0.6～0.8份和樱桃提取液0.9～1.1份搅拌混合均匀制得美白液。

(4) 将步骤 (2) 制得的中药粉加入步骤 (3) 制得的美白液中，充分搅拌后即为中药护肤美白洗面奶。所述的中药粉加入美白液中充分搅拌后，放入-20℃的储藏室中冷冻30h。

原料配伍 本品各组分质量份配比范围为：丝瓜0.6～0.8，樱桃0.9～1.1，十六醇4～5，羟丙基甲基纤维素0.5～0.7，山梨糖醇10～17，硬脂酸2～4，人参1～3，海藻1～3，当归1～3，甘油10～12，角鲨烷2～4，艾叶3～7，薰衣草4～8，蜂蜜25～40份和牛奶15～26份。

所述中药护肤美白洗面奶由以下各组分的原料按质量份制成：丝瓜0.6～0.8份，樱桃0.9～1.1份，十六醇4～5份，羟丙基甲基纤维素0.5～0.7份，山梨糖醇10～17份，硬脂酸2～4份，人参1～3份，海藻1～3份，当归1～3份，甘油10～12份，角鲨烷2～4份，艾叶3～7份，薰衣草4～8份，蜂蜜25～40份，牛奶15～26份，甘草2～5份和白芨5～8份。

产品应用 本品是一种中药护肤美白洗面奶。

产品特性 本产品具有护肤、美白、养颜的作用，原料各组分的添加能够丰富洗面奶的功能，满足洗面奶的原料需求，节约成本，丰富效果，提高经济效益。

配方29 中药润肤洗面奶

原料配比

原料	配比(质量份)				
	1#	2#	3#	4#	5#
芦荟	4	11	6	8	7
半夏	15	10	13	11	12
黄瓜	3	8	4	6	5
苦玄参	5	1	4	2	3
苍术	6	9	6	7	6
甘草	2	5	3	4	4
益母草	7	3	6	4	5
玫瑰花	5	12	7	10	9
水	35	50	40	45	42
牛奶	6	3	5	4	5
甘油	5	8	6	7	7
胶原蛋白	8	3	7	5	6
珍珠粉	2	5	3	4	3

制备方法

（1）用清水洗净所有药材。

（2）将芦荟、半夏、黄瓜、苦玄参和苍术首先进行机械破碎，破碎后，进行红外加热干燥，干燥后分别将上述的中药材进行研磨，滤网过滤后分别取芦荟 4～11 份、半夏 10～15 份、黄瓜 3～8 份、苦玄参 1～5 份和苍术 6～9 份，混合后加入乙醇进行提纯，提纯液旋干得 A 粉；所述的滤网粒径为 100 目。所述的红外加热干燥烘干温度为 50℃，烘干时间为 1h。

（3）将甘草、益母草和玫瑰花这三种原料分别进行机械破碎，破碎后，进行真空微波干燥，干燥后分别将上述的中药材进行研磨，滤网过滤后再分别取甘草 2～5 份、益母草 3～7 份和玫瑰花 5～12 份与之混合，混合后加入乙酸乙酯进行提纯，提纯液旋干得 B 粉；所述的滤网粒径为 100 目。所述的真空微波干燥的干燥温度为 40℃，真空度为 50Pa，微波功率为 700W。

（4）再将 A 粉和 B 粉混合，加入牛奶 3～6 份、珍珠粉 2～5 份、甘油 5～8 份、胶原蛋白 3～8 份和水 35～50 份搅拌后即为洗面奶。加入中药材的先后顺序为水、牛奶、甘油、胶原蛋白和珍珠粉。

原料配伍 本品各组分质量份配比范围为：芦荟 4～11，半夏 10～15，黄瓜 3～8，甘草 2～5，牛奶 3～6，苦玄参 1～5，珍珠粉 2～5，甘油 5～8，胶原蛋白 3～8 和水 35～50。

所述的中药材按质量包括如下成分：芦荟 4～11 份，半夏 10～15 份，黄瓜 3～8 份，甘草 2～5 份，牛奶 3～6 份，苦玄参 1～5 份，珍珠粉 2～5 份，甘油 5～8 份，胶原蛋白 3～8 份，水 35～50 份，益母草 3～7 份，玫瑰花 5～12 份和苍术 6～9 份。

产品应用 本品是一种中药润肤洗面奶。

产品特性 本产品吸收了中草药的精粹，有洁面护肤的功效，且无任何不良反应。

配方 30 中药滋养洗面奶

原料配比

原料	配比(质量份)		
	1#	2#	3#
椰子油	1～7	1～7	1～7
玫瑰浸泡油	2～4	2～4	2～4
雪莲花浸泡油	3～9	3～9	3～6
阿拉伯胶	1～5	1～5	1～5
西黄芪胶	6～11	6～11	6～10

续表

原料	配比(质量份)		
	1#	2#	3#
椰子汁	4～12	4～12	4～7
椰子油脂肪酸谷氨酸二钠	7～11	7～11	7～11
芦荟	7～14	7～14	8～12
白芨	5～8	5～8	5～8
人参	1～3	1～3	1～3
海藻	1～3	1～3	1～3
当归	1～3	1～3	1～3
益母草	—	3～7	—
菊花	—	5～12	—
川穹	—	6～9	—

制备方法

(1) 将芦荟、白芨、人参、海藻和当归洗净；然后进行机械破碎，破碎后进行红外加热干燥，干燥后分别将上述的中药材进行研磨，滤网过滤后再分别取芦荟 7～14 份、白芨 5～8 份、人参 1～3 份、海藻 1～3 份和当归 1～3 份；混合后搅拌均匀制得中药粉。红外加热干燥温度为 60℃，烘干时间为 2h。滤网粒径为 80 目。

(2) 分别取椰子油 1～7 份、玫瑰浸泡油 2～4 份、雪莲花浸泡油 3～9 份、阿拉伯胶 1～5 份、西黄芪胶 6～11 份、椰子汁 4～12 份、椰子油脂肪酸谷氨酸二钠 7～11 份；混合后搅拌均匀制得滋养液；玫瑰浸泡油通过以下方法制备：取干净玫瑰花，粗粉碎，再取适量玉米油在密闭容器中，先用 80℃水浴超声提取 0.5～2h，然后室温放置两周，过滤即可；雪莲花浸泡油通过以下方法制备：取干净的雪莲花，粗粉碎，再取适量葵花籽油在密闭容器中，先用 80℃水浴超声提取 0.5～2h，然后室温放置两周，过滤即可。

(3) 将中药粉加入滋养液中，充分搅拌即为中药滋养洗面奶。制得中药滋养洗面奶后，将其放入－20℃冷藏至少 30h。

原料配伍 本品各组分质量份配比范围为：椰子油 1～7，玫瑰浸泡油 2～4，雪莲花浸泡油 3～9，阿拉伯胶 1～5，西黄芪胶 6～11，椰子汁 4～12，椰子油脂肪酸谷氨酸二钠 7～11，芦荟 7～14，白芨5～8，人参 1～3，海藻 1～3，当归 1～3，益母草 3～7，菊花5～12和川穹 6～9。

产品应用 本品是一种中药滋养洗面奶。

产品特性 本产品使用多味中药制备得到，具有安全可靠，无任何不良反应，又有良好的滋养润肤的功效。针对色斑、皱纹、干燥等皮肤的几大问题给出了全面的解决方案，使肌肤焕发年轻态。天然植物精华成分能够深入渗透到皮肤里面，促进了营养物质的吸收，使皮肤深层滋养的同时，不忘外部的补水保湿。总之，处方中的成分相辅相成，内外共同调理面部肌肤，促进细胞新陈代谢，延缓衰老，让皮肤焕发年轻的活力。

配方 31　驻颜美容洗面奶

原料配比

原料	配比(质量份)				
	1#	2#	3#	4#	5#
柠檬汁	15	20	16	17	19
葡萄汁	15	20	17	19	18
透明质酸	5	10	6	8	9
薄荷油	5	10	7	6	8
汉生胶	5	10	6	9	8
聚山梨醇酯	3	8	4	7	6
中草药提取物	3	8	4	6	7
表面活性剂	3	8	4	7	5
甘油	3	8	4	7	5
去离子水	10	20	12	15	18

制备方法

(1) 制备柠檬汁和葡萄汁　将柠檬洗净切片去籽后用榨汁机榨取汁液，再过滤去除杂质得到柠檬汁；将葡萄洗净后用榨汁机榨取汁液，再过滤去除杂质得到葡萄汁，待用；所述过滤为采用三层纱布进行过滤。

(2) 制备中药提取液　将灵芝、绞股蓝、艾草、人参、枸杞子和白芨中的一种以上混合物分别粉碎至 100～200 目，再分别加水浸泡 15～20h 后加热到 80～100℃持续 50～70min 煎煮，压滤进行固液分离除去渣滓，分别收集滤液，混合、浓缩，按照原料混合物 1kg，则浓缩液为 0.5～1.0L 的比例浓缩，所得浓缩液即为中草药提取物，待用。

(3) 制备产品　按质量份将柠檬汁、葡萄汁、透明质酸、薄荷油、汉生胶、聚山梨醇酯、中草药提取物、表面活性剂、甘油和去离子水加入反应釜，水浴加热至 60～80℃，不断搅拌直至完全溶解乳化至黏稠状，然后自然冷却即可得到本产品。

原料配伍　本品各组分质量份配比范围为：柠檬汁 15～20，葡萄汁 15～20，透明质酸 5～10，薄荷油 5～10，汉生胶 5～10，聚山梨醇酯 3～8，中草药提取物 3～8，表面活性剂 3～8，甘油 3～8，去离子水 10～20。

所述中草药提取物是含有灵芝、绞股蓝、艾草、人参、枸杞子和白芨中的一种以上混合物的有效成分。

所述葡萄汁是洗净后用榨汁机榨取汁液，再过滤去除杂质得到的葡萄汁。

产品应用 本品是一种驻颜美容洗面奶，适合各种肌肤的人群使用。

产品特性 本产品采用纯天然柠檬汁、葡萄汁为主要原料，无任何有害化学物质添加，制备工艺简单，具有收敛、调和皮肤，滋养皮肤，补充皮肤所需的养分，保护皮肤，延缓衰老的功效，尤其适合敏感肤质的人使用，洗后感觉清爽，皮肤光滑，面部红润，无任何不良反应。

配方 32 滋养型洗面奶

原料配比

原料	配比(质量份)		
	1#	2#	3#
橄榄油	8	6	5
失水山梨醇单硬脂酸酯	3	2	1
异壬基酸异壬基醇酯	5	4	3
聚山梨醇油酸酯	1	2	3
Sepigel 501	5	8	10
三乙醇胺	1	2	3
辣椒提取物	0.1	0.05	0.01
银耳提取物	30	35	50
去离子水	加至100	加至100	加至100

制备方法 将所述量的去离子水、橄榄油、失水山梨醇单硬脂酸酯、异壬基酸异壬基醇酯、聚山梨醇油酸酯、Sepigel 501、三乙醇胺、辣椒提取物和银耳提取物进行混合，并用搅拌机于1000～1500r/min下高速搅拌10～15min，制得所述滋养型洗面奶。

原料配伍 本品各组分质量配比范围为：橄榄油5～8，失水山梨醇单硬脂酸酯1～3，异壬基酸异壬基醇酯3～5，聚山梨醇油酸酯1～3，Sepigel 501 5～10，三乙醇胺1～3，辣椒提取物0.01～0.1，银耳提取物30～50，去离子水加至100。

所述辣椒提取物采用改性溶剂法，通过粉碎、萃取、分离、浓缩、精制、纯化而得到。

所述银耳提取物为含有α-甘露聚糖的银耳多糖。α-甘露聚糖分子中富含大量羟基、羧基等极性基团，可结合大量的水分。分子间相互交织成网状，具有极强的锁水保湿性能，发挥高效保湿护肤功能。大分子量的α-甘露聚糖具有极好的成膜性，赋予肌肤水润丝滑的感觉。α-甘露聚糖独特的空间结构，使其可保留比自身重 500～1000 倍的水分，质量分数为 2% 的 α-甘露聚糖水溶液能够牢固地保持 98% 的水分，生成凝胶。这种含水的胶状基质可以在吸水的同时有效锁住水分，更好地发挥其高效保湿护肤功能。

产品应用 本品是一种滋养型洗面奶。

产品特性

（1）本产品清洁皮肤表面，补充皮脂的不足，滋润皮肤，促进皮肤的新陈代谢。它们能在皮肤表面形成一层护肤薄膜，阻止表皮水分的蒸发，可保护或缓解皮肤因气候变化、环境影响等因素所造成的刺激，并能为皮肤提供其正常的生理过程中所需要的营养成分，使皮肤柔软、光滑、富有弹性，从而防止或延缓皮肤的衰老，预防某些皮肤病的发生，增进皮肤的美观和健康。

（2）接触皮肤后，能借体温而软化，黏度适中，易于涂抹。

（3）能迅速经由皮肤表面渗入毛孔，并清除毛孔污垢。

（4）易于擦拭携污，皮肤感觉舒适、柔软、无油腻感。

（5）使用安全、不含有刺激性且易被皮肤吸收的成分。

（6）清洁的同时对肌肤进行深层次的滋养和锁水保湿。

第四章
沐浴剂
Chapter 04

第一节　沐浴剂配方设计原则

沐浴剂是以清洁剂和起泡剂为主，辅以其他助剂和添加剂制成的清洁身体用的化妆品，它可以去除身体污垢和不良气味，还可以除去身体皮肤表面皮屑和过剩的皮脂。沐浴剂是人们日常生活中最常用、消耗量最大的一类日用品。

最传统的沐浴产品是香皂，也有部分人使用肥皂或称为浴皂的皂类清洁产品。皂类洗浴产品去污力强，至今已有悠久的应用历史。然而，皂类洗浴产品通常为碱性，洗浴后，对皮肤的脱脂力较强，容易引起皮肤发痒、干燥等问题。

采用多种表面活性剂复配制成的沐浴剂已经成为沐浴产品的主流。这种以表面活性剂或皂基型表面活性剂为主体的沐浴产品，配方呈微酸性，对皮肤更加温和无刺激。目前此类沐浴产品的品种很多，如：沐浴露、沐浴乳、沐浴啫哩、浴盐与沐浴皂等。各种形态的沐浴剂有其不同的优点，适合在不同季节、不同的沐浴方式时选用。

一、　沐浴剂的特点

沐浴剂能逐渐取代香皂成为主要的皮肤清洁用品，与其产品的特点和优势是分不开的。

（1）沐浴剂是液体产品，消耗能量少，工艺操作简单，生产成本低。

（2）它采用现代表面活性剂的复配技术，使产品性能优良，无论在何种水质条件下，都具有良好的性能。

（3）浴液可以延伸到洗手液、洗足液、洗面奶等多种产品，添加的药性物质、营养物质，使其更具有功能上的优势。

（4）产品可以选择各种香型、多种色泽，使品种丰富，满足不同层次消费者的需求。

（5）产品的外观悦目，形式多样，包装精美。

二、 沐浴剂的分类及配方设计

一般来讲，沐浴剂有沐浴液、沐浴凝胶、泡沫浴等多种类型。按使用目的也可以有：透明浴液、珠光浴液组成的通用型浴液；去汗臭浴液、止痒浴液、杀菌浴液、抗过敏浴液组成的药剂型浴液；调理浴液、富脂浴液组成的调理型浴液；清凉浴液、婴儿浴液、油性皮肤用浴液、除氯浴液等组成的特殊型浴液。

从主要原料的使用来看，沐浴剂有两种：以天然油脂制成的碱金属皂的皂基浴液和以合成洗涤剂制成的表面活性剂类浴液。随着合成洗涤剂工业的发展，浴液也越来越多地使用低刺激、低脱脂力的表面活性剂。

开发一个好的沐浴剂产品，其配方结构和设计原则应该遵循以下要求。

（1）安全性好。沐浴剂不能刺激皮肤，其残留的物质不能对肌肤（人体）产生不良反应。这就要求配方设计时要选用安全性高、稳定性好的原料，而限量使用的原料，其用量要控制在规定的范围内。

（2）去污力温和，不脱脂。除选用脱脂力弱的原料外，可以添加对皮肤有加脂作用的原料。

（3）适度的泡沫。保证有良好的使用感，同时又容易冲洗。

（4）pH 值与皮肤的 pH 值相近。一般 pH 呈弱酸性至中性。

（5）适当的黏度，满足消费者的消费习惯和消费心理。

（6）流行的香气和悦目的颜色。

（7）添加具有疗效（如止痒）、柔润、营养等作用的物质，增加产品的功效，提高产品的附加值。

（8）添加适量的防腐剂、抗氧剂，保证产品品质。

（9）产品的抗硬水性好，适合在各种水质下使用。

（10）添加的各种物质配伍性好，易于复配，便于工艺操作。

1. 沐浴液

沐浴液也称为沐浴露，是目前最为流行的替代香皂的体用洁肤产品。沐浴液具有很好的发泡性，对皮肤有很好的洁净去污作用。与香皂相比，沐浴液通常呈弱酸性，对皮肤更加温和无刺激，应用于婴幼儿的沐浴液要求极其温和，对眼黏膜不能有刺激性。同时由于沐浴液中还添加有很多对皮肤具有滋润、保湿和清凉止痒功效的功效性成分，这就使得沐浴液在清洁身体的同时对全身肌肤具有滋润养护作用。

沐浴液的配方组成应该包括以下主要成分。

（1）表面活性剂

① 阴离子表面活性剂　烷基硫酸盐和烷苯硫酸三乙醇胺盐比钠盐对皮肤的刺激性小，所以使用较多。但其与游离胺共存时经日晒或受热易变黄色，因此对于抗氧剂和紫外线吸收剂的选择要注意。

烷基醚硫酸盐是用量最大的原料，它易溶解、耐硬水、起泡、去污好，对皮肤的刺激性也小。

α-烯烃磺酸盐，起泡性好，生物降解性强，对皮肤温和，低 pH 值，稳定性好。

其他如甘油单烷基酯单硫酸盐、单烷基磺基琥珀酸酯、酰基肌氨酸盐、酰基谷氨酸盐、烷基磷酸酯盐类、蔗糖脂肪酸酯类等，上述三种以上的阴离子表面活性剂配合使用，可以增强去污力，稳定泡沫，改善洗涤性能。

② 两性表面活性剂　咪唑啉型，对眼睛、皮肤温和，尤其适合使用在儿童浴液中；烷基甜菜碱型，碳链越长发泡力越低，洁净力增加；烷基磺酸甜菜碱型，起泡性很好。

③ 非离子表面活性剂　烷基醇酰胺，具有增黏的作用，能提高烷基硫酸盐的溶解性；氧化脂肪胺类，溶解性好，对皮肤温和。

（2）润肤剂　为防止在清洁皮肤的同时引起脱脂问题，沐浴液配方中一般都添加能够增加皮肤脂质，使皮肤滋润、光泽的润肤剂。常用的润肤剂包括植物油脂（橄榄油、霍霍巴油等）、羊毛脂衍生物类、聚硅氧烷类及脂肪酸酯类物质，如甘油月桂酸酯、多元醇脂肪酸以及乙氧基化甘油酯和聚乙二醇椰油基甘油酯等。这些润肤剂可以有效减少表面活性剂引起的皮肤脱脂问题，同时改善表面活性剂与皮肤的相容性，降低对皮肤的刺激，并且具有一定的增稠和增溶作用。

（3）保湿剂和调理剂　保湿剂一般采用甘油、丙二醇、聚乙二醇及烷基糖苷等。调理剂则多为阳离子聚合物，它们可以在皮肤上产生丝绸般的滑爽肤感，如聚季铵盐-7 等。

（4）活性添加剂　多为具有一定护肤养颜功效的添加剂，如芦荟、海藻、薄荷、泛醇、水解蛋白、霍霍巴油、人参、田七、沙棘、水果提取液等天然植物提取物和中药提取物等。另外，很多沐浴液中还添加了一些抗菌剂，以去除不良体味，维持皮肤表面卫生状态，减缓皮肤瘙痒等问题。

（5）增泡剂　用于增强起泡力，改善泡沫稳定性。主要有脂肪酸烷基醇酰胺、脂肪酸、高级脂肪醇、水溶性高分子物质等。

（6）增稠剂　含有水溶性高分子物质，使用电解质（氯化钠）时能使黏度增大，但过量反而会降低黏度。非离子表面活性剂和油分的使用要谨慎。

（7）增溶剂　用于增加表面活性剂的溶解度，使溶液在低温下也能保持稳定的状态。有乙醇、丙二醇、聚乙二醇脂肪酸酯、尿素等。注意增溶剂过多时会降低泡沫、降低黏度。

（8）乳浊剂　赋予产品乳状感、光泽感。目前多使用单硬脂酸酯及二硬脂酸酯，也有不少配方师喜欢使用配好的珠光浆。

（9）螯合剂　提高透明浴液的透明度，防止不溶物质沉积，以乙二胺四乙酸衍生物为主。

（10）紫外线吸收剂　预防产品的褪色、变色。多使用二苯甲酮衍生物。

（11）色素、香精、防腐剂、抗氧剂　使用时要充分考虑温度、日光、氧气及 pH 值等的影响。

（12）消泡剂　降低泡沫感，减少滑顺感，满足一些消费者传统的使用习惯。如低分子醇、聚氧乙烯醚等。

2. 沐浴凝胶

沐浴凝胶是一类多呈现透明外观的凝胶状沐浴产品。这类沐浴产品具有更加温和的洁净力、易于冲洗、泡沫丰富（特别是在硬水中可以获得丰富的泡沫）、使用肤感良好等特点。加上沐浴凝胶外观诱人、质地细腻，通常包装精美，深受消费者的喜爱。

沐浴凝胶的原料与沐浴液基本相同。

3. 浴盐

浴盐是用于盆浴的粉状或颗粒状沐浴产品。它通常具有软化硬水、软化角质、促进血液循环和帮助清洁的作用。

浴盐的主要成分是无机矿物盐，包括具有保持温度、促进血液循环作用的硫酸镁、硫酸钠、氯化钠、氯化钾等无机盐以及具有软化硬水、降低水表面张力和增强去污力作用的碳酸氢钠、碳酸钠、碳酸钾、倍半碳酸钠等。

另外，香精、色素也是浴盐配方中必需的组分。

4. 浴油

浴油是一种油状的沐浴产品，洗浴后皮肤表面会残留一层类似皮脂的油性薄膜，可以保持皮肤水分，防止皮肤干燥，赋予皮肤柔软、光滑、亮泽的特点。浴油在洗浴时以不同的方式溶解或分散在水中。如以液滴的形式浮在水的表面或以成膜的油层在水面扩散还有的是透明溶解于水中，或者发泡等。

浴油的主要成分是液体的动物油脂、植物油脂、碳氢化合物、高级醇以及作为乳化分散剂的表面活性剂等。

第二节　沐浴剂配方实例

配方 1　保湿沐浴液

原料配比

原料	配比(质量份)			
	1#	2#	3#	4#
硬脂酸	6	3	10	5
月桂酸	9	6	12	8
肉豆蔻酸	8	7.5	10	9
甘油	7	4	8	6
香蜂草精油	2	1	2	1.5
甘松精油	4	2	5	3
透明质酸	1	0.5	1	0.8
水杨酸盐类	0.04	0.02	0.08	0.05
去离子水	加至100	加至100	加至100	加至100

制备方法 将各组分原料混合均匀即可。

原料配伍 本品各组分质量份配比范围为：硬脂酸3～10，月桂酸6～12，肉豆蔻酸7.5～10，甘油4～8，香蜂草精油1～2，甘松精油2～5，透明质酸0.5～1，水杨酸盐类0.02～0.08，去离子水加至100。

所述水杨酸盐类为水杨酸钾、水杨酸钾钠和水杨酸钾镁中的一种。

产品应用 本品主要是一种保湿沐浴液。

产品特性 保湿和隔离是护肤的双重使命，大分子透明质酸（几万到几十万）无法穿透皮肤，但可在皮肤表面形成一层透气的薄膜，使皮肤光滑湿润，并可阻隔外来细菌、灰尘、紫外线的侵入，保护皮肤免受侵害；小分子透明质酸（低到1000分子量的纳米透明质酸HA800，OCO小分子可轻易穿透皮肤）具有抗炎、抑制病菌产生、保持皮肤光洁的作用；能透入皮肤，合成皮肤内源性大分子透明质酸，达到保水作用；为细胞增殖与分化提供合适的场所，直接促进细胞生长、分化、重建与修复等。本产品能缓解紧张、压力、偏头痛、消化不良和失眠的症状，具有良好的保温效果，纯天然提取，无不良反应。

配方2 本草多糖沐浴液

原料配比

原料	配比(质量份)
APG	20
BS-12	15
中草药提取液	22
乳酸钠	2.5
乳酸	0.5

续表

原料		配比(质量份)
1%壳聚糖溶液		40
中草药提取液	荆芥	30
	牛膝	25
	大黄	20
	刺五加	25
	蛇床子	30
	EM原露	1
	絮凝剂	0.2
	水	200

制备方法 依上述比例（质量份配比）将APG 18～25份、BS-12 15～20份搅拌均匀，然后放入中草药的提取液15～25份，1%壳聚糖溶液30～40份，乳酸钠2～2.5份，加热至80℃搅拌均匀后，再用适量的乳酸调pH值至5.5～6.0，放入储罐。降温至25℃以下，静置陈化48h后，再抽滤上层透明液（即本草多糖沐浴液）灌装。

原料配伍 本品各组分质量份配比范围为：APG 18～25，BS-12 15～20，中草药提取液15～25，1%壳聚糖溶液30～40，乳酸钠2～2.5，乳酸适量。

所述中草药提取液，是由多味中草药配制而成，其配制比例为：荆芥25～30份，牛膝20～25份，大黄15～20份，刺五加20～25份，蛇床子25～30份，EM原露1份，絮凝剂0.2份，水200份。

所述中草药提取液制取工艺是：中草药依上述比例放入200份水中，煎煮至80℃后，保温20min，再煎煮至85℃过滤，去掉滤渣，将其滤液冷却至40℃以下，再将1份EM原露放入滤液中发酵2h，再放入0.2份絮凝剂，快速搅拌5min，静置24h，抽滤上层透明液体，浓缩至15～25份溶液，即为中草药提取液。

产品应用 本品主要是一种本草多糖沐浴液。

产品特性

(1) 本品所用的原料中草药，全为绿色原料，对身体安全。

(2) 本品采用的壳聚糖，对活化皮肤细胞、滋润皮肤有着重要的作用，尤其是保湿方面。

(3) 传统的中草药提取液与壳聚糖结合后，优势互补，大大提高了产品档次。

配方3 儿童沐浴液

原料配比

原料	配比(质量份)		
	1#	2#	3#
皂荚	30	35	40
无患	30	35	40
烷基聚葡萄糖苷	20	25	30
芦荟	10	15	20
艾叶	5	10	15
茶叶	4	5	6
薄荷	4	5	6
玫瑰精油	4	5	6
水	100	150	200

制备方法

(1) 称取皂荚 30～40 份、无患 30～40 份、烷基聚葡萄糖苷 20～30 份、芦荟 10～20 份、艾叶 5～15 份、茶叶 4～6 份、薄荷 4～6 份，备用。

(2) 将上述原料分别粉碎成 300～400 目的粉状。

(3) 将上述原料加入 100～200 份水中，加热至 60～70℃，搅拌，混匀。

(4) 加入玫瑰精油 4～6 份，搅拌，混匀，过滤，即得。

原料配伍 本品各组分质量份配比范围为：皂荚 30～40，无患 30～40，烷基聚葡萄糖苷 20～30，芦荟 10～20，艾叶 5～15，茶叶 4～6，薄荷 4～6，玫瑰精油 4～6，水 100～200。

产品应用 本品主要是一种天然儿童沐浴液。

产品特性

(1) 本品天然、安全、无毒。所用表面活性剂均为纯天然物质，刺激性低、溶解性好，泡沫丰富细腻，去污、去角质性能好。该沐浴液原料来源丰富，价格低廉，制备方法简单，成本较低。该沐浴液所用原料均为纯天然物质，安全无毒，对儿童身体健康无任何影响。

(2) 本品制备方法简单，成本较低，适于工业化生产。

配方 4 防止蚊虫叮咬的沐浴液

原料配比

原料	配比(质量份)	原料	配比(质量份)
去离子水	61	十二烷基二甲基苄氯化铵	0.2
皂粒	19	非离子型增稠剂水杨酸	0.2
硬脂酸	10	四硼酸钠	0.1
药液母液	0.2	除虫菊	0.2
薄荷脑	0.1	万寿菊	0.1

制备方法 将去离子水 61、皂粒 19、硬脂酸 10、药液母液 0.2、薄荷脑 0.1、十二烷基二甲基苄氯化铵 0.2、非离型增稠剂水杨酸 0.2、四硼酸钠 0.1 按比例配比，将混合物放入高温罐中经 150℃高温蒸馏，然后将去离子水、除虫菊 0.2、万寿菊 0.1 加入蒸馏液浓煎 20min，待沉淀后进行过滤直至得到纯净的液体，等液体冷却后即得，分装后即可。

原料配伍 本品各组分质量份配比范围为：去离子水 61，皂粒 19，硬脂酸 10，药液母液 0.2，薄荷脑 0.1，十二烷基二甲基苄氯化铵 0.2，非离子型增稠剂水杨酸 0.2，四硼酸钠 0.1，除虫菊 0.2，万寿菊 0.1。

产品应用 本品主要是一种高效防蚊虫叮咬的沐浴液。

产品特性 本品除能清洁皮肤、润泽肌肤外，还能够防止蚊虫的叮咬。

配方 5 柑橘凝胶沐浴液

原料配比

原料	配比(质量份)	原料	配比(质量份)
柑橘提取物	13	聚季铵盐-10	0.3
AES	15	香精	适量
椰油酰胺丙基甜菜碱	8	防腐剂	适量
水溶性羊毛脂	2	色素	适量
甘油	4	柠檬酸	适量
杏仁油	0.5	去离子水	加至 100

制备方法

(1) 将去离子水加热至 70～75℃，把 AES、椰油酰胺丙基甜菜碱、聚季铵盐-10 溶于热水中，缓缓加入，边加入边搅拌。

(2) 待步骤 (1) 物料完全熔融后，加入柑橘提取物、甘油、杏仁油和水溶性羊毛脂，待其完全溶解后，温度冷却至 45℃时，加入香精、防腐剂、色素，最后加入柠檬酸调节其酸碱度，搅拌均匀，静置至室温即可得本品。

原料配伍 本品各组分质量份配比为：柑橘提取物 13，AES 15，椰油酰胺丙基甜菜碱 8，水溶性羊毛脂 2，甘油 4，杏仁油 0.5，聚季铵盐-10 0.3，香精、防腐剂、色素、柠檬酸适量，去离子水加至 100。

产品应用 本品主要用于洗浴用品领域，是一种天然无刺激、清洁美白的柑橘凝胶沐浴液，对皮肤具有良好的清洁护肤、保湿美白的效果。

产品特性 本产品天然无刺激、清洁美白；pH 值与人体皮肤的 pH 值接近，对皮肤无刺激性；使用后明显感到舒适、清爽、无油腻感，对皮肤具有明显的清洁护肤、保湿美白的效果。

配方6 高渗透环保抑菌沐浴液

原料配比

原料		配比(质量份)
大蒜素		0.01
椰油酰胺丙基甜菜碱		3
氢化蓖麻油		0.6
甘油单油酸酯		0.2
植物甾醇		0.7
芥花籽油		0.8
营养碱		0.2
氧化烷基胺聚氧乙烯醚		0.7
水		150
苏打		0.2
麦醇溶蛋白		0.03
营养碱液	玉米醇溶蛋白	3
	豆浆渣	40
	淘米水	16
	桂花花瓣	3
	苏打	0.2

制备方法

(1) 取上述苏打，加入到其质量50～60倍的水中，再加入上述大蒜素及适量的活性炭，在60～70℃下保温浸泡20～30min，筛除活性炭，得除臭大蒜素液。

(2) 将上述植物甾醇加入到其质量10～15倍的水中，加入麦醇溶蛋白，搅拌均匀，加入甘油单油酸酯、除臭大蒜素液，搅拌均匀，与剩余各原料混合，搅拌均匀，即得所述高渗透环保抑菌沐浴液。

原料配伍 本品各组分质量份配比范围为：大蒜素0.01～0.02，椰油酰胺丙基甜菜碱2～3，氢化蓖麻油0.6～1，甘油单油酸酯0.2～0.3，植物甾醇0.5～0.7，芥花籽油0.8～2，营养碱液0.1～0.2，氧化烷基胺聚氧乙烯醚0.7～1，水130～150，苏打0.2～0.3，麦醇溶蛋白0.02～0.03。

所述的营养碱液是由下述质量份的原料组成的：玉米醇溶蛋白2～3，豆浆渣30～40，淘米水10～16，桂花花瓣3～4，苏打0.1～0.2。

所述营养碱液的制备方法包括以下步骤：

（1）取上述桂花花瓣，加入到其质量 20～30 倍的去离子水中，加热到 40～50℃，加入上述豆浆渣，搅拌均匀，加入上述混合体系质量 2%～3% 的风味蛋白酶，保温反应 10～13h，过滤，得酶解液。

（2）将上述淘米水密封，在 20～25℃下保温 6～7d，加入上述苏打，升温至 50～60℃，保温搅拌 3～4min，与上述酶解液混合，加入玉米醇溶蛋白，搅拌均匀，即得所述营养碱液。

产品应用 本品主要是一种高渗透、环保、抑菌沐浴液。

产品特性 本产品在原料中加入了植物甾醇，其对皮肤具有很高的渗透性，可以保持皮肤表面水分，促进皮肤新陈代谢、抑制皮肤炎症，可预防日晒红斑、皮肤老化，还有生发、养发之功效；本品还加入了大蒜素，可以明显提高成品的抗菌效果；加入的营养碱液则可以改善肌肤活力。本产品清香、无毒、环保、安全性好。

配方 7 含精油成分的沐浴液

原料配比

原料	配比（质量份）		
	1#	2#	3#
水	100	100	100
月桂酸钾	57	55	60
乙二醇二硬脂酸酯	55	60	52
椰油酰胺	32	30	34
橄榄精油	20	25	18
洋甘菊精油	16	15	20
石榴精油	4	5	3
聚季铵盐	1.5	0.2	2
脱脂干牛奶	0.8	1	0.2

制备方法 将各组分原料混合均匀即可。

原料配伍 本品各组分质量份配比范围为：水 100，月桂酸钾 55～60，乙二醇二硬脂酸酯 52～60，椰油酰胺 30～34，橄榄精油 18～25，洋甘菊精油 15～20，石榴精油 3～5，聚季铵盐 0.2～2，脱脂干牛奶 0.2～1。

产品应用 本品主要是一种洗浴用品。

产品特性 本产品是含精油成分的沐浴液，能够充分发挥精油的功效，可有效滋润肌肤，使用后不干燥，能长时间锁住肌肤水分，长久保湿。

配方 8 含天然油脂乳状沐浴液

原料配比

原料		配比(质量份)				
		1#	2#	3#	4#	5#
阴离子表面活性剂	脂肪醇聚氧乙烯醚硫酸钠AES(70%)	10	10	10	10	8
	十二烷基硫酸铵K12A(70%)	10	10	10	10	8
两性表面活性剂	椰油酰胺丙基二甲基甜菜碱CAB-35(35%)	6	5	6	2	2
	椰油酰胺甘氨酸钾PCY-30	6	3	1	—	—
增稠剂	高分子洗涤增稠剂T-02	2.5	2.5	2.5	2.5	1.5
	高分子洗涤增稠剂T-03B	3	3	3	3	3
阳离子瓜尔胶C-14S		0.5	0.5	0.5	0.5	0.5
聚季铵盐-22		0.5	0.5	0.5	0.5	0.5
月桂酸		2	2.75	3	3.25	2.8
硬脂酸		1	1	1	1	1
天然油脂	橄榄油	2	2	1	—	—
	大豆油	—	—	1	2	2
乙二胺四乙酸二钠		0.05	0.05	0.05	0.05	0.05
尼泊金甲酯		0.2	0.2	0.2	0.2	0.2
柠檬酸		0.25	0.25	0.25	0.25	0.25
香精		0.2	0.2	0.2	0.2	0.2
去离子水		加至100	加至100	加至100	加至100	加至100

制备方法

(1) 将去离子水与乙二胺四乙酸二钠加入反应锅，搅拌溶解，继续加入阳离子瓜尔胶C-14S进行分散，升温至60℃并恒温，缓慢加入柠檬酸搅拌10～15min。

(2) 打开均质机快速投入高分子洗涤增稠剂T-03B，均质30～60s，开启搅拌继续分散，待其搅拌均匀后依次加入脂肪醇聚氧乙烯醚硫酸钠AES、十二烷基硫酸铵K12A、椰油酰胺丙基二甲基甜菜碱CAB-35、椰油酰胺甘氨酸钾PCY-30、高分子洗涤增稠剂T-02、聚季铵盐-22、天然油脂、月桂酸、硬脂酸、防腐剂，搅拌，升温至75～85℃，搅拌分散均匀。

（3）待料体全部分散均匀，恒温 0.5 h 后降温；降温至 40℃以下加入香料调节剂，搅拌均匀，即制得沐浴乳。

原料配伍 本品各组分质量份配比范围为：阴离子表面活性剂 15～25、两性表面活性剂 1～6、丙烯酸/丙烯酰胺基甲基丙烷磺酸共聚物 2～4、天然油脂 1～2、阳离子瓜尔胶 0.2～0.8、聚季铵盐-22 0.5～1.5、月桂酸 1～2、硬脂酸 1～2、乙二胺四乙酸二钠 0.2～0.8、尼泊金甲酯 0.2～0.3、柠檬酸 0.2～0.25、香料 0.1～0.3、椰油酰胺甘氨酸钾 3～6。去离子水加至 100。

所述表面活性剂由阴离子表面活性剂和两性表面活性剂组成，阴离子表面活性剂为十二烷基硫酸铵、脂肪醇聚氧乙烯醚硫酸钠、十二烷基硫酸钠、酰胺基聚氧乙烯醚硫酸镁、仲烷基磺酸钠中的一种或几种。

所述两性表面活性剂为椰油酰胺丙基甜菜碱、十二烷基甜菜碱、十二烷基丙基甜菜碱、十二烷基二甲基氧化胺、椰油酰胺丙基二甲基甜菜碱、椰油酰胺丙基羟磺酸甜菜碱、椰油基咪唑啉、脂肪醇聚氧乙烯醚磺基琥珀酸二钠盐中的一种或几种。

所述增稠剂为高分子洗涤增稠剂，该高分子洗涤增稠剂由丙烯酸/丙烯酰胺基甲基丙烷磺酸共聚物和聚季铵盐-22/C_{13}～C_{16}异链烷烃/月桂醇聚醚-25 混合物组成。

所述添加剂包括防腐剂、酸度调节剂和香料调节剂。

所述沐浴液还包含天然油脂。

所述丙烯酸/丙烯酰胺基甲基丙烷磺酸共聚物型号为 T-02 的高分子洗涤增稠剂；聚季铵盐-22/C_{13}～C_{16}异链烷烃/月桂醇聚醚-25 混合物为型号为 T-03B 的高分子洗涤增稠剂。

所述阴离子表面活性剂优选由 70％脂肪醇聚氧乙烯醚硫酸钠和 70％十二烷基硫酸铵以质量比 1∶1的比例组成；上述两性表面活性剂优选 35％椰油酰胺丙基二甲基甜菜碱。

所述的天然油脂为蓖麻油、菜籽油、米糠油、大豆油、花生油、棕榈油、棕榈仁油、橄榄油、芦荟油、霍霍巴油、杏仁油、坚果油、向日葵籽油、生育酚、维生素 C 乙酸酯中的一种或两种。

为了增加肌肤清洁后的润滑感，上述沐浴液还包括具有调理润肤作用的阳离子瓜尔胶、聚季铵盐-22，具有润肤遮光作用的月桂酸、硬脂酸和具有软化硬水作用的乙二胺四乙酸二钠。

所述防腐剂优选尼泊金甲酯，酸度调节剂优选柠檬酸，香料调节剂优选香料。

为了使沐浴液在使用过程中泡沫更加丰富，上述表面活性剂还包括椰油酰胺甘氨酸钾。

产品应用 本品主要是一种肌肤清洗用品，尤其是一种沐浴液，更具体是涉及一种含天然油脂的乳状沐浴液。

产品特性 本产品采用一定比例的阴离子表面活性剂和两性表面活性剂作

为二元表面活性剂组合，利用天然油脂的吸水润肤保湿作用，再配合具有特殊结构的高分子洗涤增稠剂，使整个体系在储存过程中不分层、不析油。本产品配方合理、性质温和，使用时泡沫丰富，不仅能很好地清洁皮肤，沐浴后还能迅速补充皮肤失去的油分，有效防止皮肤的干燥，且产品稳定性和适应性好。

配方 9 含透明质酸的沐浴液

原料配比

<table>
<tr><th colspan="2" rowspan="2">原料</th><th colspan="3">配比(质量份)</th></tr>
<tr><th>1#</th><th>2#</th><th>3#</th></tr>
<tr><td colspan="2">硬脂酸</td><td>10</td><td>10</td><td>8</td></tr>
<tr><td colspan="2">透明质酸</td><td>0.15</td><td>0.05</td><td>0.15</td></tr>
<tr><td colspan="2">甘油</td><td>8</td><td>6</td><td>4</td></tr>
<tr><td colspan="2">精油</td><td>2</td><td>1</td><td>2</td></tr>
<tr><td colspan="2">角鲨烷</td><td>8</td><td>8</td><td>5</td></tr>
<tr><td colspan="2">月桂酸</td><td>12</td><td>12</td><td>12</td></tr>
<tr><td colspan="2">硬脂酸异辛酯</td><td>10</td><td>8</td><td>10</td></tr>
<tr><td rowspan="3">皮肤美白剂</td><td>甘草查耳酮 A</td><td>0.15</td><td>—</td><td>—</td></tr>
<tr><td>毛蕊花糖苷</td><td>—</td><td>0.25</td><td>—</td></tr>
<tr><td>甘草查耳酮 A 和/或毛蕊花糖苷</td><td>—</td><td>—</td><td>0.15</td></tr>
<tr><td colspan="2">肉豆蔻酸</td><td>10</td><td>7.5</td><td>7.5</td></tr>
<tr><td colspan="2">水杨酸盐类</td><td>0.08</td><td>0.08</td><td>0.08</td></tr>
<tr><td colspan="2">去离子水</td><td>加至 100</td><td>加至 100</td><td>加至 100</td></tr>
<tr><td rowspan="12">精油</td><td>精油艾草叶</td><td>50</td><td>50</td><td>50</td></tr>
<tr><td>野菊花</td><td>35</td><td>35</td><td>35</td></tr>
<tr><td>灵芝</td><td>1</td><td>1</td><td>0.5</td></tr>
<tr><td>藏红花</td><td>2.5</td><td>2</td><td>2.5</td></tr>
<tr><td>百合</td><td>3</td><td>2</td><td>5</td></tr>
<tr><td>银翘</td><td>0.3</td><td>1</td><td>0.3</td></tr>
<tr><td>冬虫夏草</td><td>0.5</td><td>1</td><td>1</td></tr>
<tr><td>栀子</td><td>4</td><td>4</td><td>4</td></tr>
<tr><td>泽泻</td><td>0.5</td><td>0.5</td><td>0.3</td></tr>
<tr><td>冬青</td><td>18</td><td>17</td><td>16</td></tr>
<tr><td>葡萄籽</td><td>10</td><td>9</td><td>8</td></tr>
<tr><td>冬瓜皮</td><td>2</td><td>2</td><td>2.2</td></tr>
</table>

制备方法 将各组分原料混合均匀即可。

原料配伍 本品各组分质量份配比范围为：硬脂酸5～10，透明质酸0.05～0.15，甘油4～8，精油1～2，角鲨烷4～8，月桂酸6～12，硬脂酸异辛酯6～10，皮肤美白剂0.05～0.15，肉豆蔻酸7.5～10和水杨酸盐类0.02～0.08，去离子水加至100。

所述精油按组分质量配比包括：精油艾草叶50份，野菊花35份，灵芝0.5～1份，藏红花2～2.5份，百合2～3份，银翘0.3～1.2份，冬虫夏草0.5～1份，栀子3.5～4份，泽泻0.3～0.5份，冬青16～18份，葡萄籽8～10份，冬瓜皮2～2.2份。

所述皮肤美白剂为甘草查耳酮A和/或毛蕊花糖苷。

产品应用 本品主要用于日常用品领域，是一种含透明质酸的沐浴液。

产品特性 保湿和隔离是护肤的双重使命，大分子透明质酸（几万到几十万）无法穿透皮肤，但可在皮肤表面形成一层透气的薄膜，使皮肤光滑湿润，并可阻隔外来细菌、灰尘、紫外线的侵入，保护皮肤免受侵害；小分子透明质酸（低到1000分子量的纳米透明质酸HA800，OCO小分子可轻易穿透皮肤）具有抗炎、抑制病菌产生、保持皮肤光洁的作用；能透入皮肤，合成皮肤内源性大分子透明质酸，达到保水作用；为细胞增殖与分化提供合适的场所，直接促进细胞生长、分化、重建与修复等。本产品能缓解紧张、压力、偏头痛、消化不良和失眠，具有良好的保温效果，纯天然提取，无不良反应。

配方10 含盐药用沐浴液

原料配比

原料		配比(质量份)					
		1#	2#	3#	4#	5#	6#
多元醇	丙三醇	95	—	—	90	—	85
	丙二醇	—	85	—	—	—	—
	山梨醇	—	—	100	—	100	—
羊毛脂		15	16	30	10	12	20
保湿剂	角鲨烷	10	—	—	—	—	
	透明质酸	—	5	—	—	—	5
	褐藻酸钠	—	—	15	—	—	4
	太阳花油	—	—	—	4	—	—
	霍霍巴油	—	—	—	—	5	—
	胶原蛋白	—	—	—	—	5	—
	海洋保湿剂	—	—	—	6	—	—

续表

原料		配比(质量份)					
		1#	2#	3#	4#	5#	6#
硬脂酸		5	10	20	13	15	12
去离子水		300	270	230	300	260	300
阴离子表面活性剂	月桂酰肌氨酸钠	55	—	—	55	—	85
	脂肪醇聚氧乙烯醚硫酸钠	—	50	70	—	50	—
非离子表面活性剂	月桂酰异丙醇酰胺	—	—	—	35	—	—
	脂肪酸烷基醇酰胺	—	—	—	—	40	—
	椰子油脂肪酸单乙醇酰胺	35	—	—	—	—	40
	月桂酰二乙醇酰胺	—	35	—	—	—	—
	单硬脂酸甘油酯	—	—	45	—	—	—
两性离子表面活性剂	椰油酰胺丙基甜菜碱	30	—	25	—	25	—
	十二烷基二甲基甜菜碱	—	22	—	—	—	28
	烷基二甲基氧化铵	—	—	—	20	—	—
一价矿物盐	氯化钠	40	35	30	30	40	40
	氯化钾	10	—	—	4	—	30
	硫酸钠	—	—	—	—	7	7
价矿物盐	氯化铜	—	—	7	—	12	—
	氯化镁	—	—	—	—	—	7
	硫酸镁	5	—	—	—	—	—
	硫酸锌	10	4	8	—	6	—
	硫酸镍	—	5	—	10	—	4
中药醇提物		10	10	10	10	10	10
珠光浆		7	7	7	7	7	7
维生素E		5	5	5	5	5	5
香精		1	1	1	1	1	1

续表

原料		配比(质量份)					
		1#	2#	3#	4#	5#	6#
中药醇提物	白芷	30	25	20	20	18	18
	谷精草	10	20	13	10	20	15
	白附子	10	15	10	7	5	10
	川芎	10	15	15	8	12	10
	茵陈	10	5	5	12	15	10
	决明子	10	10	8	10	10	10
	桑枝	20	25	25	18	20	25
	白菊花	26	20	18	15	20	22
	木瓜	20	25	22	18	20	15
	桑叶	14	10	15	22	15	20
	青皮	10	5	12	18	10	12
	甘草	10	15	20	32	20	25

制备方法

(1) 以多元醇溶解羊毛脂、保湿剂与硬脂酸，60～95℃加热搅拌均匀。

(2) 在去离子水中分别加入阴离子表面活性剂、非离子表面活性剂、两性离子表面活性剂，并搅拌均匀。

(3) 将步骤 (1) 和 (2) 所得物置于均质分散乳化机中，设定剪切力为500～1500r/min，升温至60～80℃，恒温搅拌20～60min。

(4) 加入一价矿物盐和二价矿物盐，降温至40～60℃，设定剪切力为500～1500r/min，搅拌时间20～60min，使矿物盐在强剪切力的作用下充分溶解，并达到乳化和均质的目的。

(5) 加入中药醇提物和珠光浆，温度、剪切力不变，搅拌时间10～40min。

(6) 加入维生素E、香精，剪切力不变，降温至室温。

(7) 加入柠檬酸，调节pH值为6.5～7.5。

(8) 将步骤 (7) 所得物静置陈化20～28h，即得产品。

原料配伍 本品各组分质量份配比范围为：阴离子表面活性剂50～90，非离子表面活性剂30～50，两性离子表面活性剂20～30，一价矿物盐30～80，二价矿物盐5～25，中药醇提物8～15，硬脂酸5～20，多元醇80～100，保湿剂8～15，维生素E 1～5，羊毛脂10～30，珠光浆5～8，去离子水250～360，香精1～3。

所述的一价矿物盐为氯化钠、氯化钾、硫酸钠和硫酸钾中的一种或两种。

所述的二价矿物盐为氯化镁、硫酸镁、氯化锌、硫酸锌、氯化镍、硫酸镍、氯化铜和硫酸铜中的一种或两种。

所述的中药醇提物由下述质量份的中药原料经乙醇浸提后制成：白芷5～20份，谷精草5～12份，白附子2～8份，川芎1～10份，茵陈2～10份，决明子4～8份，桑枝5～15份，白菊花5～15份，木瓜7～15份，桑叶5～20份，青皮2～10份和甘草5～20份。

所述的阴离子表面活性剂选自月桂酰肌氨酸钠、脂肪醇聚氧乙烯醚硫酸钠、十二烷基硫酸钠、十二烷基硫酸铵和十二烷基苯磺酸钠中的一种或几种。

所述的非离子表面活性剂选自椰子油脂肪酸单乙醇酰胺、椰子油脂肪酸二乙醇酰胺、烷基多糖苷、月桂酰二乙醇酰胺、月桂酰异丙醇酰胺、单硬脂酸甘油酯和脂肪酸烷基醇酰胺中的一种或几种。

所述的两性离子表面活性剂选自椰油酰胺丙基甜菜碱、十二烷基二甲基甜菜碱和烷基二甲基氧化铵中的一种或几种。

所述的多元醇选自丙二醇、丙三醇、山梨醇、1,3-丁二醇和聚乙二醇中的一种。

所述的保湿剂选自角鲨烷、褐藻酸钠、霍霍巴油、海洋保湿剂、吡咯烷酮羧酸钠、乳酸和乳酸钠、胶原蛋白、氨基酸和透明质酸中的至少一种。

所述的中药醇提物按下述方法制成：将中药原料洗净、晾干粉碎至20～40目，加入5～20倍重、体积分数为60%～95%的乙醇浸泡0.5～5h，40～75℃回流提取1～3h，加热沸腾10～40min后过滤，滤渣重复提取三次，合并滤液，滤液经浓缩、喷雾干燥后，得中药醇提物。

产品应用 本品是一种含有无机盐及中草药成分，具有较好的保湿抑菌排毒抗氧化效果的沐浴液。

产品特性

（1）不仅实现了沐浴液的去污功能，保湿效果好，温和、无刺激，泡沫丰富细腻，而且具有显著的去角质、抗真菌功效。

（2）本产品所用无机盐及中药提取物与沐浴体系复配，协同效果好，具有非常显著的抗菌、保湿、抗氧化效果，且由于是天然添加剂，无依赖性，无不良反应。此外，由于复配体系兼顾其他作用，其泡沫丰富，有止痒效果，易清洗。

配方11 含有玻尿酸的沐浴液

原料配比

原料	配比(质量份)	
	1#	2#
月桂酰胺丙基甜菜碱	9	10
亚油酸钠盐	12	16
甘油	6	4
月桂基糖苷	0.3	0.4
黄瓜提取液	2	1
玻尿酸	5	6
藏茴香精油	0.8	0.5
胶原蛋白	3	2
茅草精油	0.8	1
维生素E	1.5	2
龙蒿精油	0.8	0.5
芦荟凝胶	7	8
角鲨烷	0.2	0.1
去离子水	加至100	加至100

制备方法 将各组分原料混合均匀即可。

原料配伍 本品各组分质量份配比范围为：两性表面活性剂7.5～10，乳化剂10～16，甘油4～8，月桂基糖苷0.2～0.4，黄瓜提取液1～3，玻尿酸3～6，藏茴香精油0.5～1，胶原蛋白2～4，茅草精油0.5～1，维生素E 1～2，龙蒿精油0.5～1，芦荟凝胶5～8，角鲨烷0.1～0.3，去离子水加至100。

所述两性表面活性剂为月桂酰胺丙基甜菜碱。

所述乳化剂为亚油酸钠盐。

产品应用 本品主要是一种化妆品，是一种含有玻尿酸的沐浴液。

产品特性 本产品补水效果好，对皮肤无刺激，对克服皮肤暗黄、粗糙、无光泽、皱纹、脸上含有色斑的问题有良好功效。

配方12 含有羊乳脂的沐浴液

原料配比

原料	配比(质量份)				
	1#	2#	3#	4#	5#
白油	11	5	7	9	13
椰油酰胺丙基甜菜碱	8	5	6	8	12
鲸蜡醇	2	0.5	1	1.5	3

续表

原料	配比(质量份)				
	1#	2#	3#	4#	5#
丙二醇	6	3	5	7	10
椰油酰基二乙醇胺	2	0.5	1.5	3	5
维生素 E	1	0.5	0.7	1.5	2
尼泊金甲酯	0.2	0.1	0.4	0.6	0.8
羊乳脂	1	0.5	2	4	8
玉兰香精	0.3	0.1	0.2	0.6	0.8
水	加至 100	加至 100	加至 100	加至 100	加至 100

制备方法

(1) 将配方量的白油、椰油酰胺丙基甜菜碱、鲸蜡醇、羊乳脂、适量的水混合后，在 80℃水浴上加热，不断搅拌制成液体。

(2) 将配方量的丙二醇、椰油酰基二乙醇胺、尼泊金甲酯、适量的水混合后，在 80℃水浴上加热，不断搅拌制成液体。

(3) 将步骤 (2) 制得的液体在高速搅拌下缓缓加入步骤 (1) 制得的液体中，同时加入配方量的维生素 E 继续搅拌 30min，待冷却至 40℃以下时，加入白玉兰香精适量，即为成品。

(4) 当成品膏体冷至室温后即可灌装贴标出厂。

原料配伍 本品各组分质量份配比范围为：白油 5～15，椰油酰胺丙基甜菜碱 5～15，鲸蜡醇 0.5～5，丙二醇 3～10，椰油酰基二乙醇胺 0.5～5，维生素 E 0.5～2，尼泊金甲酯 0.1～1，羊乳脂 0.5～10，玉兰香精 0.1～1，水加至 100。

产品应用 本品主要用于日化用品领域，是一种含有羊乳脂的沐浴液。

产品特性 本品中富含的羊乳脂活性物质具有保水润肤养肤护肤功能，在洁肤的同时，能有效促使皮肤脂性薄膜的形成、促进皮肤水分含量的提高、改善肌肤弹性状况并促进表皮色素细胞的脱落。用后可在肌肤表面形成一层防菌滋养脂膜，增强肌肤适应环境变化的能力，令暗哑、干燥的肤色肤质由内到外像羊脂美玉般的真正自然嫩白、健康红润。本品所述的是一种含有羊初乳脂的沐浴液，其制备方法配方合理、工艺简单，该沐浴液能够滋润肌肤、保湿护肤。

配方 13 含柚皮苷的弱酸性抗菌沐浴液

原料配比

原料	配比(质量份)			
	1#	2#	3#	4#
柚皮苷	3	3	2	0.3
烷基多苷	5	—	10	1
壳聚糖衍生物	1	1	2	2
乙酸洗必泰	0.3	0.3	0.5	0.1
月桂醇醚硫酸钠	5	5	10	20
椰油基两性醋酸钠	10	10	3	15
1,2-丙二醇	0.5	0.5	0.1	2
氯化钠	0.5	0.5	2	0.1
薄荷脑	0.5	0.5	1	0.1
生育酚乙酸酯	0.5	0.5	0.1	0.3
EDTA	0.5	0.5	0.1	0.3
香料	0.5	0.5	0.2	0.1
柠檬酸	0.5	0.5	0.2	0.1
双咪唑烷基脲	0.1	0.1	0.5	0.3
去离子水	加至100	加至100	加至100	加至100

制备方法

(1) 将柚皮苷溶于一部分的丙二醇(丙二醇可适当加热，加速溶解)中，备用。

(2) 将醋酸洗必泰溶于余量的丙二醇(丙二醇可适当加热，加速溶解)中后，加入薄荷脑，混合均匀，备用。

(3) 用一部分去离子水溶胀壳聚糖衍生物，搅拌下加入去离子水、月桂醇醚硫酸钠，溶解完全后，升温至70～85℃，加入步骤(1)、步骤(2)制得的溶液，混合均匀，加入椰油基两性醋酸钠、烷基多苷、生育酚乙酸酯、EDTA、香料、双咪唑烷基脲，混合均匀。

(4) 加入柠檬酸，调节pH值至5.0～6.5。

(5) 加入氯化钠，调节黏度，制得沐浴液。

原料配伍 本品各组分质量份配比范围为：柚皮苷0.3～3，烷基多苷1～10，壳聚糖衍生物0.1～2，乙酸洗必泰0.1～0.5，月桂醇醚硫酸钠5～20，椰油基两性醋酸钠3～15，1,2-丙二醇0.1～2，氯化钠0.1～2，薄荷脑0.1～1，生育酚乙酸酯0.1～0.5，EDTA 0.1～0.5，香料0.1～0.5，柠檬酸0.1～0.5，双咪唑烷基脲0.1～0.5，去离子水加至100。

产品应用 本品是一种含柚皮苷的弱酸性抗菌沐浴液。

产品特性

(1) 本产品在沐浴液中添加了柚皮苷，柚皮苷作为一种双氢黄酮类化合物，具有很好的抗菌作用；又添加了烷基多苷、乙酸洗必泰，三者协同作用，使得抗菌效果明显增强，优于一般的沐浴液。

(2) 本产品呈弱酸性 (pH 值为 5.0～6.5)，而人的皮肤也呈弱酸性，pH 值相近，能深层次清洁皮肤，且用后对皮肤无任何的伤害。

(3) 本产品添加了壳聚糖衍生物，能有效地增强巨噬细胞的吞噬功能和水解酶的活性，刺激巨噬细胞产生淋巴因子，启动免疫系统，同时不增加抗体的产生，可直接用于伤口；因此沐浴液中添加壳聚糖衍生物，能有效地护理伤口。

配方 14 胡萝卜素儿童沐浴液

原料配比

原料	配比(质量份)	原料	配比(质量份)
AES	8	氮䓬酮	0.5
椰油酸二乙醇酰胺	6	香精	适量
甜菜碱	4.5	色素	适量
硬脂酸	2	β-胡萝卜素	适量
柠檬酸	0.6	去离子水	加至 100

制备方法

(1) 将 AES、椰油酸二乙醇酰胺、甜菜碱、硬脂酸、柠檬酸和去离子水加热熔融至 100℃。

(2) 待步骤 (1) 物料温度冷却至 80℃时加入氮䓬酮和色素，混合搅拌均匀，温度冷却至 70℃时加入胡萝卜素和香精，充分搅拌使其溶解，可得本产品，分装，贮存。

原料配伍 本品各组分质量份配比为：AES 8，椰油酸二乙醇酰胺 6，甜菜碱 4.5，硬脂酸 2，柠檬酸 0.6，氮䓬酮 0.5，香精、色素、β-胡萝卜素适量，去离子水加至 100。

产品应用 本品主要用于洗浴用品领域，是一种杀菌抑菌、清洁滋润的胡萝卜素儿童沐浴液，对皮肤具有良好的清洁、保湿、保健的效果。

产品特性 本产品杀菌抑菌、清洁滋润；pH 值与人体皮肤的 pH 值接近，对皮肤无刺激性；使用后明显感到舒适、清爽、无油腻感，对皮肤具有明显的清洁、保湿、保健的效果。

配方 15 护肤美白沐浴液

原料配比

原料	配比(质量份)		
	1#	2#	3#
十二烷基硫酸钠	5	7	6
椰子油脂肪酸二乙醇酰胺	2	13	9
甘油	2	4	3
椰油酰胺丙基甜菜碱	4	8	7
生姜提取液	3	6	5
薄荷精油	2	6	4
芦荟提取液	4	8	7
去离子水	300	500	400

制备方法 将各组分原料混合均匀即可。

原料配伍 本品各组分质量份配比范围为：十二烷基硫酸钠5～7，椰子油脂肪酸二乙醇酰胺2～13，甘油2～4，椰油酰胺丙基甜菜碱4～8，生姜提取液3～6，薄荷精油2～6，芦荟提取液4～8，去离子水300～500。

产品应用 本品主要是一种护肤美白沐浴液。

产品特性 本产品制造成本低，清洁去污效果好，使用后不会产生油腻感，易于清洗，同时含有的生姜提取液、薄荷精油、芦荟提取液成分具有良好的护肤美白效果。

配方16 花椒提取物为原料的抑菌沐浴液

原料配比

原料	配比(质量份)	
	1#	2#
EDTA-2Na	0.1	0.1
氢氧化钾	3.8	3.8
十二酸	8.5	8.5
十四酸	4.5	4.5
双硬脂酸乙二醇酯	1.5	1.5
花椒提取物	40	10
烷醇酰胺	3	5
35%椰油酰胺丙基甜菜碱溶液	30	30
香精和防腐剂	适量	适量

制备方法 将EDTA-2Na、氢氧化钾溶解于去离子水中，加热至85℃，为水相；将十二酸、十四酸、双硬脂酸乙二醇酯混合，加热至85℃，为油相；

将油相加入水相中，混合搅拌，直至透明，加入花椒提取物、烷醇酰胺、35%椰油酰胺丙基甜菜碱溶液，搅拌冷却至50℃以下，加入适量香精和防腐剂，调节pH值至6～7，再继续搅拌冷却至40℃，出料，即为产品。

原料配伍 本品各组分质量份配比范围为：EDTA-2Na 0.1～0.2，氢氧化钾1～7，十二酸3～10，十四酸4～15，双硬脂酸乙二醇酯1～2，花椒提取物10～40，烷醇酰胺0～3，35%椰油酰胺丙基甜菜碱溶液10～35，适量的香精和防腐剂。

所述的花椒叶提取物的制备：将红花椒叶粉碎，按料液比1g∶25mL加入体积分数为50%的甲醇作为提取剂，在室温下震荡，分离上清液，并将上清液浓缩干燥后获得浸膏，将浸膏分散于去离子水中，料液比为1g∶40mL，然后加入正己烷震荡萃取，收集水相萃取物；再将水相萃余物加入氯仿，振荡萃取，收集水相萃余物；然后将水相萃余物适量加入乙酸乙酯，振荡萃取，浓缩干燥得提取物。

产品应用 本品是一种花椒叶提取物抑菌型沐浴液。

产品特性

（1）所述的十二酸、十四酸与氢氧化钾中和生成十二酸钾、十四酸钾表面活性剂，是沐浴液的起泡剂。增加脂肪酸盐含量可明显提高沐浴液的起泡性能，十二酸钾的起泡性能比十四酸钾稍好，但刺激性比十四酸钾稍大，十四酸的价格比十二酸高较多，所以二者的用量应由产品价格来确定。氢氧化钾作为中和剂，其用量以控制产品pH值在7左右为宜。十二酸钾、十四酸钾去污性能较好，而且非常容易冲洗，克服了沐浴液有滑腻感的缺点。

（2）所述的35%椰油酰胺丙基甜菜碱溶液是甜菜碱型两性表面活性剂，具有洗涤和调理效果，刺激性低，加入配方中则可降低阴离子表面活性剂的刺激性，对阴离子表面活性剂有一定的增稠效果，而且具有较好的稳定泡沫作用，其用量应根据沐浴液类型和作用而定。烷醇酰胺在配方中主要起增稠和稳泡作用，其用量以3%左右为宜。

（3）所述的花椒叶提取物与表面活性剂配伍性好，最大添加量可达40%，基本不影响沐浴液产品的理化指标和性能。花椒叶提取物用于沐浴液具有明显的止痒效果，并且对治疗皮疹，也有一定效果。花椒叶提取物为纯天然产品，无不良反应，使用安全。将花椒叶提取物用于沐浴液，顺应了化妆品向天然化和疗效化发展的市场潮流。同时还充分地利用废弃花椒叶，为农业开辟了一条新的发展方向。

（4）本产品提供一种花椒提取物抑菌沐浴液的制备方法，不仅生产成本低、抑菌效果明显，而且开发利用大量废弃的花椒枝叶能推动农业经济的发展。

配方 17　环保杀菌型沐浴液

原料配比

原料	配比(质量份)	原料	配比(质量份)
环保杀菌剂(二烯丙基二硫醚、二烯丙基三硫醚)	0.5	聚天冬氨酸(40)	3
十二烷基苯磺酸钠	6	海藻酸钠	0.5
脂肪酸甲酯磺酸盐(MES)	3	羧甲基纤维素钠	0.5
脂肪醇聚氧乙烯醚硫酸钠(AES)	3	甲基香兰素	0.1
壬基酚聚氧乙烯醚(TX-10)	1	去离子水	加至 100
乳化硅油(DC1491)	2		

制备方法　将各组分原料混合均匀即可。

原料配伍　本品各组分质量份配比范围为：环保杀菌剂 0.01～3，表面活性剂 10～30，皮肤保护剂 1～10，调理剂 1～10，增效剂 0.1～5，黏度调节剂 0.1～5，气味调节剂 0.1～0.3，去离子水加至 100。

所述的环保杀菌剂是二烯丙基二硫醚，或是二烯丙基三硫醚，或是二烯丙基四硫醚，或是二烯丙基单硫醚，或是上述二种或多种二烯丙基硫醚的混合物，含量为 0.01%～3%。二烯丙基单硫醚、二烯丙基二硫醚、二烯丙基三硫醚和二烯丙基四硫醚是大蒜精油的主要成分，是天然存在的杀菌剂，使用安全，对环境不造成污染，是绿色环保的杀菌剂。

所述的表面活性剂包括阴离子表面活性剂十二烷基苯磺酸钠和非离子表面活性剂脂肪酸甲酯磺酸盐（MES）、脂肪醇聚氧乙烯醚硫酸钠（AES），含量为 10%～30%。

所述的皮肤保护剂为聚天冬氨酸（40%），含量为 1%～10%。

所述的调理剂为乳化硅油，含量为 1%～10%。

所述的增效剂为壬基酚聚氧乙烯醚（TX-10），含量为 0.1%～5%。

所述的黏度调节剂为海藻酸钠，或羧甲基纤维素钠，或二者的混合物，含量为 0.1%～5%。

所述的气味调节剂为甲基香兰素，或乙基香兰素，含量为 0.1%～0.3%。

所述的大蒜油是一类与水不相溶，具有挥发性的液态有机硫化物，呈淡黄色至棕红色，有浓烈的大蒜气味，密度为 1.050～1.095g/mL，折光率为 1.550～1.580，无旋光性。经测定，天然大蒜油中约有 16 种含硫化合物，其中主要成分为二烯丙基单硫醚、二烯丙基二硫醚、二烯丙基三硫醚和二烯丙基四硫醚 4 种化合物，这 4 种化合物在大蒜精油总相对含量中占 73.74%。另外还含有甲基烯丙基单硫醚、甲基烯丙基二硫醚、二甲基三硫醚和甲基烯丙基三硫醚等化合物，这些成分占总相对含量的20%以上。正由于大蒜精油中含有这些硫醚化合物，因此具有极强的杀菌力。

产品应用 本品是一种环保杀菌型沐浴液。

产品特性

(1) 本品采用大蒜精油的主要成分二烯丙基单硫醚、二烯丙基二硫醚、二烯丙基三硫醚和二烯丙基四硫醚，是绿色环保的杀菌剂，杀菌快速、使用安全，对环境不造成污染，无毒、易于生物降解，对人体和环境更安全。由于大蒜精油具有杀菌力强、抗菌谱广、生物学性能良好和刺激性小、无不良反应、挥发性大等特性，同时又来源于纯天然绿色植物，是一种天然安全的防腐剂、杀菌剂。

(2) 聚天冬氨酸为头发保护剂，乳化硅油为头发调理剂，可以保护头发和皮肤。

(3) 表面活性剂、增效剂、黏度调节剂、气味调节剂均为易生物降解物料，有利环境保护。

配方 18 活细胞沐浴液

原料配比

原料	配比(质量份)	原料	配比(质量份)
肉豆蔻酸异丙酯	10	三乙醇胺	3
月桂酸二乙醇酰胺	13	天然丝蛋白	7
硬脂酸	10	透明质酸	0.3
甘油	8	香精	适量
羟乙基纤维素	2	防腐剂	适量
去离子水	加至100	EGF	适量

制备方法

(1) 将肉豆蔻酸异丙酯、月桂酸二乙醇酰胺、硬脂酸、甘油、羟乙基纤维素及去离子水等混合加热至80℃，搅拌均匀使其充分溶解。

(2) 将三乙醇胺加入步骤(1)混合液，边加入边搅拌备用。

(3) 待步骤(2)混合液冷却至45℃，加入天然丝蛋白、透明质酸、香精及防腐剂，充分搅拌均匀备用。

(4) 将步骤(3)混合液冷却至35℃以下，加入EGF生理盐水溶液，搅拌均匀，静置陈化48h即可出料。

原料配伍 本品各组分质量份配比为：肉豆蔻酸异丙酯10，月桂酸二乙醇酰胺13，硬脂酸10，甘油8，羟乙基纤维素2，去离子水加至100，三乙醇胺3，天然丝蛋白7，透明质酸0.3，香精、防腐剂、EGF适量。

产品应用 本品主要用于洗浴用品领域，是一种促进细胞新陈代谢、深层清洁肌肤的活细胞沐浴液，对皮肤具有良好的清洁、滋润、保湿的效果。

产品特性 本品促进细胞新陈代谢、深层清洁肌肤；pH 值与人体皮肤的 pH 值接近，对皮肤无刺激性；使用后明显感到舒适、柔软、无油腻感，对皮肤具有明显的清洁、滋润、保湿的效果。

配方 19 具有保湿和止痒功效的沐浴液

原料配比

原料	配比(质量份)				
	1#	2#	3#	4#	5#
硬脂酸	6	10	8	10	6
月桂酸	2	6	5	2	6
肉豆蔻酸	7.5	10	9	8	10
甘油	4	8	6	5	6
月桂基糖苷	0.2	0.4	0.3	0.4	0.3
莱姆精油	0.1	0.5	0.4	0.1	0.2
酸橙精油	0.08	0.08	0.22	0.3	0.35
聚季铵盐-10	0.1	0.1	0.4	0.1	0.1
透明质酸	0.5	0.5	0.8	1	0.1
水杨酸盐类	0.02	0.02	0.05	0.06	0.02
芦荟凝胶	8	8	8	10	9
去离子水	加至 100	加至 100	加至 100	加至 100	加至 100

制备方法 将各组分原料混合均匀即可。

原料配伍 本品各组分质量份配比范围为：硬脂酸 6～10，月桂酸 2～6，肉豆蔻酸 7.5～10，甘油 4～8，月桂基糖苷 0.2～0.4，莱姆精油 0.1～0.5，酸橙精油 0.08～0.35，聚季铵盐-10 0.1～0.6，透明质酸 0.1～1，水杨酸盐类 0.02～0.08，芦荟凝胶 8～10，去离子水加至 100。

所述水杨酸盐类为水杨酸钾、水杨酸钾钠和水杨酸钾镁中的一种。

产品应用 本品是一种具有保湿和止痒功效的沐浴液。

产品特性 芦荟当中的缓激肽酶、碱性磷酸酯酶、植物凝血素等多种微量元素对湿疹、皮炎、皮肤痛痒等有明显功效。大分子透明质酸可在皮肤表面形成一层透气的薄膜，使皮肤光滑湿润，并可阻隔外来细菌、灰尘、紫外线的侵入，保护皮肤免受侵害。小分子透明质酸具有抗炎、抑制病菌产生、保持皮肤光洁的作用；它能透入皮肤，合成皮肤内源性大分子透明质酸，达到保水作用；为细胞增殖与分化提供合适的场所，直接促进细胞生长、分化、重建与修复等。本产品具有止痒和保湿的双重功效，可消毒抗菌，避免感染，纯天然植物萃取物，无任何不良反应。

配方 20 具有多种氨基酸的沐浴液

原料配比

原料	配比(质量份)		
	1#	2#	3#
硬脂酸	6	10	9
月桂酸	2	6	5
肉豆蔻酸	7.5	9	9
甘油	4	8	6
月桂基糖苷	0.4	0.4	0.2
异亮氨酸	0.5	0.5	0.5
芳香族氨基酸	1	1	1.5
组氨酸	2	1	1.5
亮氨酸	0.3	0.3	0.4
苏氨酸	0.3	0.4	0.3
蛋氨酸	0.2	0.3	0.3
半胱氨酸	0.2	0.3	0.2
谷氨酰胺	0.2	0.4	0.4
透明质酸	1	0.5	0.5
芦荟凝胶	8	6	8
去离子水	加至100	加至100	加至100

制备方法 将各组分原料混合均匀即可。

原料配伍 本品各组分质量份配比范围为：硬脂酸6～10，月桂酸2～6，肉豆蔻酸7.5～10，甘油4～8，月桂基糖苷0.2～0.4，异亮氨酸0.1～0.5，芳香族氨基酸1～2，杂环族氨基酸1～2，亮氨酸0.2～0.4，苏氨酸0.2～0.4，蛋氨酸0.1～0.5，半胱氨酸0.2～0.4，谷氨酰胺0.2～0.4，透明质酸0.5～1，芦荟凝胶5～8，去离子水加至100。

所述芳香族氨基酸由苯丙氨酸和酪氨酸各50%组成。

所述杂环族氨基酸为组氨酸和色氨酸中的一种。

产品应用 本品主要是一种化妆品，是一种具有多种氨基酸的沐浴液。

产品特性 本产品蕴含天然植物能量，无添加对皮肤刺激的化学物质，含有多种氨基酸成分，安全健康，可修补皮肤，增强人体免疫力。

配方 21　具有营养与保湿功能的沐浴液

原料配比

原料		配比(质量份)					
		1#	2#	3#	4#	5#	6#
药用植物提取物	当归	15	15	20	20	30	30
	黄芪	15	15	20	20	30	30
	人参	30	20	30	20	10	10
	金银花	15	15	20	15	30	30
	白芷	10	10	15	10	20	20
	陈皮	15	20	15	15	30	25
	芦荟	30	30	30	20	15	25
	苦葛	15	15	20	15	30	25
药用植物提取物		0.1	3.2	1	2	10	3
角蛋白		3.7	1	3	5	8.4	3
表面活性剂	月桂醇聚醚硫酸酯钠	2.4	6.4	—	—	—	9
	月桂醇醚硫酸铵盐	—	—	11	—	11	—
	月桂基葡糖苷	—	—	—	5	—	—
	乙二醇二硬脂酸酯	—	—	4	3	3.5	—
	椰油酰胺	2	3	—	—	—	2
	椰油酰胺丙基甜菜碱	0.6	2.6	4	—	—	5
	月桂酰两性基乙酸钠	—	—	—	—	5.5	—
酸碱调节剂	柠檬酸	—	0.3	0.6	0.6	0.2	0.1
	柠檬酸钠	—	—	0.1	—	—	—
	EDTA-2Na	0.1	—	—	—	0.4	0.6
氯化钠		0.1	0.2	0.3	0.4	0.1	0.2
防腐剂	甲基异噻唑啉酮	—	0.1	—	—	—	0.04
	甲基氯异噻唑啉	—	—	0.03	0.05	0.1	—
香精		—	0.1	0.5	0.6	0.8	0.5

续表

原料		配比(质量份)					
		1#	2#	3#	4#	5#	6#
去离子水		91	83	75.47	83.35	60	76.56
角蛋白	分子量2000～10000的水解角蛋白	1	1	1	1	1	1
	分子量30000～50000的水解角蛋白	0.5	1	2	0.8	0.25	3

制备方法 按上述沐浴液的组分及其质量分数配料，将计量好的表面活性剂、酸碱调节剂、氯化钠和去离子水放入带搅拌器的容器中，在搅拌下于常压从室温加热至60～80℃并在该温度恒温搅拌，当表面活性剂、酸碱调节剂和氯化钠完全溶解后，冷却至30～40℃加入计量好的药用植物提取物和角蛋白，并在此温度恒温搅拌，当药用植物提取物和角蛋白完全溶解后，加入计量好的防腐剂和香精并搅拌均匀，然后冷却至室温。

原料配伍 本品各组分质量份配比范围为：药用植物提取物0.1～10，角蛋白0.1～10，表面活性剂0.6～20，酸碱调节剂0.1～0.7，氯化钠0.1～0.4，去离子水60～91。

所述药用植物提取物是将药用植物粉碎，在常压、30～60℃以乙醇或去离子水为提取剂循环提取或浸提获得的提取液蒸馏浓缩而成，蒸馏浓缩的时间以乙醇或去离子水的质量分数低于5%为限，药用植物的组分及各组分的质量份如下：当归15～30份，黄芪15～30份，人参10～30份，金银花15～30份，白芷10～20份，陈皮15～30份，芦荟15～30份，苦葛15～30份。

所述具有营养与保湿功能的沐浴液，其组分还包括防腐剂和香精，各组分的质量分数如下：药用植物提取物0.1%～10%，角蛋白0.1%～10%，表面活性剂5%～20%，酸碱调节剂0.1%～0.7%，氯化钠0.1%～0.4%，去离子水60%～91%，防腐剂0.03%～0.1%，香精0.1%～0.8%。

所述的角蛋白由分子量2000～10000水解角蛋白和分子量30000～50000水解角蛋白组成，分子量2000～10000的水解角蛋白与分子量30000～50000的水解角蛋白的质量比为1∶(0.25～3)。所述水解角蛋白可以通过市场购买，也可以自行制备。自行制备可采用以下方法：

将动物毛发用自来水清洗干净并将清洗后的动物毛发放入pH＝8～12、浓度为0.3～1.0mol/L的巯基乙酸钠碱溶液（用NaOH溶液调节）中，在常压、室温下浸泡1～3h，然后加入尿素（尿素的加入量以其浓度达到6.0～8.0mol/L为限），在常压、20～60℃下反应3～28h，反应时间届满后，滤去未溶解的原料，离心分离获得角蛋白溶液，将所获角蛋白溶液分别装入截留相对分子量30000～60000的渗析袋中和截留相对分子量2000～20000的渗析袋中，在质量分数为0.08%的巯基乙醇水溶液中渗析40h，继后冷冻干燥，即获得 30000～50000 和 2000～10000 的水解角蛋白白色粉末。

所述的表面活性剂为月桂醇醚硫酸铵盐、月桂醇聚醚硫酸酯钠、椰油酰胺、椰油酰胺丙基甜菜碱、乙二醇二硬脂酸酯、月桂基葡糖苷、月桂酰两性基乙酸钠中的至少两种。

所述的酸碱调节剂为柠檬酸、EDTA-2Na、柠檬酸钠中的至少一种。

所述的防腐剂为甲基异噻唑啉酮或甲基氯异噻唑啉。

产品应用 本品主要用于沐浴液领域，是一种对皮肤具有营养及保湿功能的沐浴乳液。

产品特性

(1) 由于本产品所述的沐浴液含有药用植物提取物，实验表明，它可促进皮肤血液循环，增强皮肤营养，保持皮肤弹性。

(2) 由于本产品所述沐浴液含有低分子量与高分子量水解角蛋白的组合物，实验表明，它可对受损皮肤进行修复，增强皮肤的紧实性和弹性。

配方 22 抗菌沐浴液

原料配比

原料		配比(质量份)		
		1#	2#	3#
月桂酸醇醚硫酸钠		10	25	20
中药提取液		10	20	15
烷基多苷		5	10	8
椰油两性乙酸钠		5	8	6
1,2-丙二醇		2	8	5
氯化钠		0.5	1	0.8
薄荷脑		0.3	0.5	0.4
维生素 D		0.1	1	0.5
EDTA		0.1	0.3	0.2
乙酸洗必泰		0.1	0.5	0.3
柠檬酸		0.1	0.3	0.2
水		加至 100	加至 100	加至 100
中药提取液	苦参	3	3	3
	黄芩	2	2	2
	地肤子	1	1	1
	蛇床子	1	1	1
	黄柏	1	1	1
	甘草	1	1	1

制备方法

(1) 将乙酸洗必泰溶解于50~80℃的1,2-丙二醇中，加入薄荷脑。

(2) 搅拌下，加入水、月桂酸醇醚硫酸钠、烷基多苷和椰油两性乙酸钠，待完全溶解，升温至80℃，加入中药提取液和步骤 (1) 的混合液。

(3) 混合均匀后，用柠檬酸调节至pH=4.5~6.5。

(4) 降温后加入EDTA和维生素D。

(5) 用氯化钠调节黏度，制得抗菌沐浴液。

原料配伍 本品各组分质量份配比范围为：月桂酸醇醚硫酸钠10~25，中药提取液10~20，烷基多苷5~10，椰油两性乙酸钠5~8，1,2-丙二醇2~8，氯化钠0.5~1.0，薄荷脑0.3~0.5，维生素D 0.1~1，EDTA 0.1~0.3，乙酸洗必泰0.1~0.5，柠檬酸0.1~0.3，加水至100。

所述的中药提取液的制备方法：将苦参、黄芩、地肤子、蛇床子、黄柏、甘草按质量比为3∶2∶1∶1∶1∶1混合，浸泡于12倍质量的水中3~5h，加入3倍质量的1,2-丙二醇，蒸煮两次，过滤，澄清，浓缩至1/3~1/5。

产品应用 本品主要用于日化用品领域，是一种抗菌沐浴液。

产品特性 产品具有抗菌消毒效果，稳定性好，对皮肤无刺激，适合于各种肤质。乙酸洗必泰是一种浅表抗菌剂，性质温和，与中药液配合使用，抗抑菌效果佳。产品pH值为4.5~6.5，有利于提高产品的稳定性。中药提取时采用1,2-丙二醇来替代乙醇，不仅可以提取中药中的脂溶性物质，而且无需回收步骤，降低了生产成本。

配方23 芦荟沐浴液

原料配比

原料	配比(质量份)	原料	配比(质量份)
十二烷基硫酸铵	150	硅油	10
脂肪醇聚氧乙烯醚硫酸铵	200	柠檬酸	适量
6501	50	珠光浆	10
甜菜碱	40	香精	1
芦荟提取液	95	色素	适量
泛醇	10	防腐剂	1
止痒剂	10	去离子水	430

制备方法

(1) 将去离子水加入烧杯中，然后依次加入十二烷基硫酸铵、脂肪醇聚氧乙烯醚硫酸铵、6501、甜菜碱，加热至70℃以60r/min的速度搅拌，使其完全溶解。

(2) 待步骤 (1) 物料冷却至30~40℃时，加入芦荟提取液、泛醇、止痒剂、硅油，搅拌均匀，使其完全溶解至透明。

(3) 将步骤 (2) 物料用柠檬酸调节 pH 值至 5～6，加入珠光浆、香精、防腐剂和色素，以 50r/min 的速度搅拌均匀，静置 24h，即可得成品。

原料配伍 本品各组分质量份配比为：十二烷基硫酸铵 150，脂肪醇聚氧乙烯醚硫酸铵 200，6501 50，甜菜碱 40，芦荟提取液 95，泛醇 10，止痒剂 10，硅油 10，柠檬酸、色素适量，珠光浆 10，香精 1，防腐剂 1，去离子水430。

产品应用 本品主要用于洗浴用品领域，是一种清洁滋润、涂燥止痒的芦荟沐浴液，对皮肤具有良好的清洁保湿、滋润细滑的效果。

产品特性 本品清洁滋润、涂燥止痒；pH 值与人体皮肤的 pH 值接近，对皮肤无刺激性；使用后明显感到舒适、柔软、无油腻感，对皮肤具有明显的清洁保湿、滋润细滑的效果。

配方 24 美白沐浴液

原料配比

原料	配比(质量份)				
	1#	2#	3#	4#	5#
白扁豆	20	40	25	—	30
土瓜根	40	50	42	35	45
白僵蚕	10	15	12	48	12
浙贝母	5	15	8	13	10
乌梅	5	10	6	12	8
核桃	5	10	—	9	8
皂角	10	20	12	18	15
冬桑叶	5	15	8	12	10
山楂	5	10	6	9	7
白芨	10	20	12	18	15
去离子水	适量	适量	适量	适量	适量

制备方法

(1) 按照质量份称取原料，将原料粉碎至 5～8mm 备用。

(2) 向粉碎后的原料中加入 4～5 倍质量的水，浸泡 3～5h，然后用水蒸气蒸馏法提取，收集原料质量 2.5～3 倍量的蒸馏液。

(3) 向蒸馏后的药渣中加入 2～2.5 倍质量的水煎煮 15～25min，过滤后收集滤液。

(4) 将蒸馏液与滤液合并，用去离子水调至质量为原料质量的 6～7 倍即得美白沐浴液。

原料配伍 本品各组分质量份配比范围为：白扁豆20～40，土瓜根35～50，白僵蚕10～48，浙贝母5～15，乌梅5～12，核桃5～10，皂角10～20，冬桑叶5～15，山楂5～10，白芨10～20。去离子水适量。

产品应用 本品是一种美白沐浴液。

产品特性 本产品将白僵蚕、浙贝母、皂角和冬桑叶配伍应用，增强了整个配方去除黑色素以及美白的功效，且整个配方不含化学成分，不伤害皮肤，美白效果好。

配方25 美白嫩肤沐浴液

原料配比

原料	配比(质量份)			
	1#	2#	3#	4#
薰衣草精油	3	5	12	18
玫瑰精油	4	6	5	5
薏仁	10	20	12	18
芦荟	10	20	18	12
珍珠粉	5	15	8	12
白芷	4	6	5	5
薄荷	4	6	5	5
水	200	400	250	350

制备方法

(1) 将薏仁、芦荟、珍珠粉、白芷、薄荷混合，粉碎至200目细粉。

(2) 在上述原料加入水中，加热至60～70℃，搅拌，混匀。

(3) 滴入薰衣草精油和玫瑰精油，搅拌，混匀，过滤，即得。

原料配伍 本品各组分质量份配比范围为：薰衣草精油3～18，玫瑰精油4～6，薏仁10～20，芦荟10～20，珍珠粉5～15，白芷4～6，薄荷4～6和水200～400。

产品应用 本品主要是一种美白嫩肤沐浴液。

产品特性 本产品提供的美白嫩肤沐浴液天然、安全、无毒。所用原料均为纯天然物质，刺激性低、溶解性好，泡沫丰富细腻，去污、去角质、美白、嫩肤效果好。该沐浴液原料来源丰富，价格低廉，制备方法简单，成本较低，适于工业化生产。

配方26 沐浴液

原料配比

原料	配比(质量份)		
	1#	2#	3#
羧甲基壳聚糖	1	3	5
沙棘油	15	5	10
芦荟叶浓缩汁	5	10	12
芦荟凝胶	10	8	10
皂基	4	4	4
十二烷基磺酸钠	8	10	6
脂肪醇醚硫酸钠	6	5	6
脂肪醇聚氧乙烯醚硫酸钠	2	3	2
椰子油酸单乙醇酰胺	3	2	2
椰子油酸二乙醇酰胺	1.5	2	1.5
椰油酰氨基丙基甜菜碱	4.5	5	6.5
聚乙二醇双硬脂酸酯	2	2	2
柠檬酸	0.3	0.5	0.4
月桂氮酮	0.2	0.5	0.2
NaCl	1	1.5	0.5
香料	0.4	0.5	0.4
去离子水	36.1	38	31.5

制备方法 在混合釜中按比例将主表面活性剂加入去离子水中，搅拌加热到75～80℃，溶解完全，再加入辅表面活性剂和珠光剂，恒温搅拌乳化40～90min，乳化充分后停止加热，继续搅拌冷却到60℃，加入羧甲基壳聚糖、沙棘油、沙棘提取物和高效渗透促进剂，再用NaCl和柠檬酸调节黏度和pH值，搅拌均匀后取样测试，要求pH值在6.5～7.5，黏度为6000～8000mPa·s，继续搅拌冷却到40℃时加入香精，搅拌均匀，存放外观稳定后，取样检测合格后即可使用或包装。

原料配伍 本品各组分质量份配比范围为：羧甲基壳聚糖0.5～10，沙漠植物沙棘的提取物沙棘油5～20，芦荟提取物5～25。

所述芦荟提取物中至少一种为芦荟叶浓缩汁或芦荟凝胶浓缩汁。

所述沐浴液组合物还含有渗透促进剂月桂氮酮，其含量为沐浴液总质量的0.1%～1.0%。

所述沐浴液组合物的表面活性剂选用皂基、十二烷基磺酸钠、脂肪醇醚硫酸钠和脂肪醇聚氧乙烯醚硫酸钠中的一种或几种为主表面活性剂；以椰子油酸单乙醇酰胺、椰子油酸二乙醇酰胺和椰油酰氨基丙基甜菜碱中的一种或几种为辅表面活性剂。

所述沐浴液组合物以聚乙二醇双硬脂酸酯为珠光剂，pH 调节剂为柠檬酸。

所述壳聚糖为羧甲基壳聚糖，其含量为沐浴液总质量的0.5%～10%，沙棘提取物的含量为沐浴液总质量的5%～20%。

所述的表面活性剂，选用皂基、十二烷基磺酸钠、脂肪醇醚硫酸钠和脂肪醇聚氧乙烯醚硫酸钠为主表面活性剂，其质量分数可为10%～30%；以椰子油酸单乙醇酰胺、椰子油酸二乙醇酰胺和椰油酰氨基丙基甜菜碱为辅表面活性剂，起增泡、稳泡和增黏的作用，也就是所说的增泡剂和增黏剂，其质量分数可为5%～15%。以聚乙二醇双硬脂酸酯为珠光剂，赋予产品以珠光效果。pH 调节剂为柠檬酸。

产品应用 本品主要是一种沐浴液组合物。

产品特性

（1）本产品含有壳聚糖，其具有吸湿保湿性，价格便宜，具有突出的水溶性、稳定性、保湿保水性、成膜性、调理性、胶凝性、乳化性、增稠性、润肤性、固发和抗菌性，无毒、无不良反应，可生物降解，是化妆品中理想的水溶性高分子化合物，壳聚糖可以作为防腐剂，因此添加了羧甲基壳聚糖的沐浴液不需要添加其他化学防腐剂。

（2）本产品还含有沙棘油，是多种维生素和生物活性物质的复合体。它能滋养皮肤，促进新陈代谢，抗过敏、杀菌消炎，促进上皮组织再生，对皮肤有修复作用，能保持皮肤的酸性环境，具有较强的渗透性，使用安全，无不良反应。

（3）本产品还含有芦荟，其具有很好的保湿、去斑、美白、消炎止痛、防晒等作用。

（4）本产品中含有月桂氮酮，是一种新型高效安全的渗透吸收促进剂，具有很好的润滑性，能够促进亲水性和亲油性药物制品的活性，或使化妆品中的营养成分向皮肤内渗透，显著增强药物的疗效与产品的使用效果，因此可以减少主药的用量，降低了生产成本，而且月桂氮酮无不良反应，皮肤残留量低，使营养成分在人体皮肤的停留时间延长，达到高效持久的保湿、滋养皮肤、抗过敏、杀菌消炎和防紫外线作用。

（5）本产品制造所需的设备少，工艺简单。所制得的产品性能温和，泡沫丰富，用后皮肤清爽、无干涩感，并具有杀菌、止痒、消炎抗过敏作用，长期使用具有促进新陈代谢、增强身体活力的功效。

配方 27 清凉止痒沐浴液

原料配比

原料	配比(质量份)	
中药成分	白芨提取物	3
	蛇床子提取物	4
	丁香叶提取物	2
	薄荷提取物	1
	百部提取物	0.5
	冰片提取物	2
沐浴液基质	十二烷基硫酸钠	8～15
	脂肪醇聚乙烯醚硫酸盐	4～6
	聚乙烯醇	1～2
	乙醇胺	0.1～0.5
	椰油酸乙二醇胺	4～7
	甘油	0.1～0.5
	去离子水	50～60
中药成分		1
沐浴液基质		30～40

制备方法 将各组分原料混合均匀即可。

原料配伍 本品各组分质量份配比为，中药成分：白芨提取物 3，蛇床子提取物 4，丁香叶提取物 2，薄荷提取物 1，百部提取物 0.5，冰片提取物2。

还需将各中药提取物兑入中药总质量 30～40 倍的沐浴液基质中。

所述沐浴液基质包括十二烷基硫酸钠 8～15 份、脂肪醇聚乙烯醚硫酸盐 4～6份、聚乙烯醇 1～2 份、乙醇胺 0.1～0.5 份、椰油酸乙二醇胺 4～7 份、甘油 0.1～0.5 份、去离子水 50～60 份。

所述中药成分通过如下方法进行制备：将按照质量份配比的中药原材料，分别进行烘干、粉碎后，使用 50%的乙醇浸提，抽滤、减压蒸馏得到浓缩液，经树脂柱吸附后，用 70%的乙醇洗脱，减压蒸馏后冷冻干燥得到各中药提取物粉末。

产品应用 本品是一种中药沐浴液。

产品特性 白芨收敛消肿、清热透疹，蛇床子燥湿祛风，丁香叶清热燥湿，薄荷宣散风热，百部、丁香叶还具有良好的抗菌效果，冰片清热散毒、开窍醒神，本产品在具备一定的清洁力和滋润度的基础上，能够杀菌止痒，并能带给人们清凉舒爽的感受。

配方 28 驱蚊沐浴液

原料配比

原料	配比(质量份)		
	1#	2#	3#
脂肪醇聚氧乙烯醚硫酸钠	15	19	19
烷基醇酰胺	10	15	15
十二烷基甜菜碱	8	0	10
硬脂酸乙二醇酯	6	8	8
羧甲基纤维素	3	6	6
乙醇	5	9	9
甘露糖醇	3	4	3
鼠李糖	3	4	3
松节油	5	8	8
土荆芥油	2	3	3
2-(2-羟乙基)哌啶-1-羧酸仲丁酯	1	2	2
薄荷提取液	4	6	6
黄芩提取液	2	6	6
刺草萃取液	3	5	5
紫苏叶提取液	5	8	8
桃叶萃取液	2	3	3
艾叶萃取液	1	2	2
高丽人参萃取液	0.1	0.3	0.3
旋覆花萃取液	3	7	7
月桃叶萃取液	6	7	7
木通萃取液	4	8	8
去离子水	25	30	30

制备方法 将各组分原料混合均匀即可。

原料配伍 本品各组分质量份配比范围为：脂肪醇聚氧乙烯醚硫酸钠 15～25，烷基醇酰胺 10～20，十二烷基甜菜碱 8～17，硬脂酸乙二醇酯 6～12，羧甲基纤维素 3～12，乙醇 5～15，甘露糖醇 3～6，鼠李糖 3～7，松节油 5～12，土荆芥油 2～5，2-(2-羟乙基)哌啶-1-羧酸仲丁酯 1～3，薄荷提取液 4～8，黄芩提取液 2～10，刺草萃取液 3～8，紫苏叶提取液 5～10，桃叶萃取液 2～4，艾叶萃取液 1～5，高丽人参萃取液 0.1～1，旋覆花萃取液 3～12，月桃叶萃取液 6～12，木通萃取液 4～13，去离子水 25～35。

产品应用 本品是一种驱蚊沐浴液。

产品特性

（1）本产品中的刺草萃取液：含有大量维持健康不可缺少的金属元素，加上丰富的维生素 C，对美容有明显的效用。可保持皮肤清洁，治疗粉刺和湿疹等，更能以高保湿力保持皮肤的柔软。紫苏叶提取液：含有能抑制敏感反应的紫苏醛及维生素 A，令肌肤时刻细致健康。桃叶萃取液：具有保湿效果，能令皮肤柔软，促进皮肤脱落之余，亦能镇静皮肤。艾叶萃取液：具药用效果的艾叶含有油酸、亚油酸、维生素 A、维生素 B_1、维生素 B_2、维生素 C 等，营养价值特别高，可修复受紫外线伤害的肌肤，发挥抗炎症、抗敏感等效用，更具抑制黑色素的显著效果。高丽人参萃取液：采用韩国高丽人参，能有助舒缓疲劳，促进血液循环，防止因肌肤干燥、粗糙、衰老而减慢新陈代谢，令肌肤正常地吸收营养，保持健康状态，功效被广泛认同。旋覆花萃取液：能有效阻碍酪氨酸酶的活性方面以及能抑制黑色素的衍生，防止皮肤暗沉。月桃叶萃取液：具有强抗氧化作用及美白效果。木通萃取液：具有良好的消炎作用，同时还能提高肌肤的保湿能力。

（2）本产品通过在沐浴液配方中添加松节油、土荆芥油、2-(2-羟乙基)哌啶-1-羧酸仲丁酯、薄荷提取液和黄芩提取液等多种驱蚊成分，使得我们在洗完澡后能够保持较长时间的驱蚊效果，让我们睡得安心，同时还有一定的杀菌、清洁作用，有利于皮肤的健康。

第五章
洗发香波

Chapter 05

第一节 洗发香波配方设计原则

洗发用品已经成为人类日常生活的必需品。直到20世纪30年代中期，人们只使用肥皂洗头，到40年代中期，开始出现以表面活性剂为基质、浆状的洗发用品（如洗发膏），50年代开始，液体洗发用品已较流行，这类洗发液称为香波（Shampoo）。现如今也常把洗发用品统称为香波。

早期的香波主要功能是头发和头皮的清洁剂。随着香波配方和工艺的发展，今天的香波实际上是一种化妆品性质的头发和头皮的清洁剂，它不但能清除头发的污垢和头皮屑，而且赋予头发良好的梳理性，使头发不飘拂，并留下柔软和润滑的感觉。

在正常的情况下，头皮分泌的皮脂，可滋润头发、保持发丝的光泽和柔软，但洗发2～3d后，皮脂与尘埃混合并为细菌所感染，皮脂氧化造成酸败，头皮出现瘙痒等不适感觉。严重的情况时，毛根松弛，甚至引起脱发等。头发的清洁卫生是头发护理的第一步。一般情况下，环境质量好时，4～6d洗头一次较为合适，但由于环境污染日益严重，使用头发定型和其他发类化妆品引起的残留物，生活习惯的改变，淋浴习惯的流行，洗发频度加密。据统计，中国人平均每周洗头次数为4次，美国人为每周5.3次，有些人甚至每天多于一次，因而，对香波性能的要求也发生较大的变化，已从简单的清洁作用发展到更加着重于护理、营养、修复等功能的多效合一。

当前消费者对洗发香波有着新的功能诉求，正向着如无硅油洗发香波、氨基酸型洗发香波、快速焗油洗发香波、透明洗发香波等方向发展。

一、洗发香波的特点

早期的洗发香波只是头发及头皮的清洁剂，随着配方、工艺的发展，洗发香波的产品功效将越来越重要，特殊功能与辅助功能将不断细化，滋润营养、提高发质已成为衡量洗发香波的重要因素。涂传统的去屑、防脱发等，防晒、焗油、润发、免洗、无硅油、自然萃取、植物精华、中草药调理等概念也纷纷渗透至洗发领域，成为洗发香波的新亮点。成熟的市场培养了消费者成熟的消费习惯，消费需求日趋细分化，滋润营养、天然美发、清新清爽等将是洗发香波未来的发展趋势，针对不同消费群体开发不同性能的洗发香波，满足消费者用后滋养、健康的目的已是大势所趋。除基本的清洁外，洗发香波应具有以下特性。

（1）使用方便，易涂开、易漂洗且不留黏性残留物。

（2）良好的发泡、去屑性能，有头皮屑和污物时也能产生致密和丰富的泡沫。

（3）湿梳阻力小，干后梳理性好。

（4）调理剂沉积适度，不会产生可见的残留物。

（5）对头发、头皮安全、温和，对眼无刺激。

（6）香气清新、愉快，留香性好。

（7）天然滋润、营养发根、健康亮泽。

（8）稳定性良好，3～4 年不变质。

二、 洗发香波的分类及配方设计

1. 洗发香波的分类

洗发香波按外观分有珠光洗发香波、透明洗发香波、膏状洗发香波、粉状洗发香波等；按功效分有去屑洗发水、柔顺洗发香波、护发洗发香波、保湿洗发香波、滋养洗发香波等；按包装分有瓶装、袋装、软管装等，包材包括木质、纸质、玻璃、金属等；按含量分有 50mL、150mL、200mL、250mL、355mL、400mL、750mL 等，其中 200mL、400mL 是销售主流。随着生活水平的提高和对个性化的追求，人们希望洗发产品能和性别、年龄、发质等个人条件密切吻合，洗发香波的功效、外观、型号和规格也将发生不断的变化，价格也将更趋于合理化，中高端产品将成为市场主流。

2. 洗发香波的配方设计

洗发水体系特殊，是一个集表面活性剂胶团、乳化油脂、悬浮颗粒、高分子溶胶等成分于一体的复杂体系，其组成将决定产品的功效和稳定性，因此框架设计非常重要。通常洗发水的组成成分如下。

（1）主表面活性剂　主表面活性剂是洗发水的基础，具有起泡和清洁的作用，要求泡沫性高、脱脂力低、残留量低、易形成胶团，阴离子表面活性剂则具备这些优点。常见的有月桂基硫酸钠/铵（K12/K12A）、月桂醇聚醚硫酸钠/

铵（AES/AESA）、α-烯基磺酸钠（AOS）等。月桂醇醚硫酸盐是应用最广的主表面活性剂，具有良好的清洁和起泡性能，水溶性好，刺激性低于月桂醇硫酸盐，与其他表面活性剂和添加剂具有良好的配伍性。AOS起泡性好、去污力强、刺激性小、水溶性好，在酸碱溶液中都较稳定。阴离子表面活性剂具有优异的清洁力，但脱脂力往往过强，过度使用会损伤头发，因此需配入助表面活性剂以降低体系的刺激性，调整稠度，稳定体系。

（2）助表面活性剂　助表面活性剂主要起稳泡、增泡、增调、增加清洁力和降低主表面活性剂刺激的作用，主要包括两性表面活性剂和非离子表面活性剂。

两性表面活性剂具有综合的性能，除调理外，还有助洗功能，与无机盐、酸、碱等具有良好的配伍性，在酸性条件下能转变成阳离子表面活性剂，常见原料包括十二烷基二甲基甜菜碱（BS-12）、椰油酰胺丙基甜菜碱（CAB）、椰油两性乙酸钠（ML）、氨基酸表面活性剂等，CAB能增加和稳定体系的泡沫，还能降低由主表面活性剂带来的对眼睛的刺激，用量一般在2%～10%。

非离子表面活性剂包括椰子油单乙醇酰胺（CMEA）、椰子油二乙醇酰胺（6501）等。

（3）调理剂　调理剂的主要作用是护理头发，使头发光滑、柔软、易于梳理。常用的调理剂有阳离子聚合物及硅油等。

阳离子聚合物用量少、活性高，与阴离子表面活性剂配伍好，是理想的调理剂，特别适用于二合一洗发水。其护理机理是通过沉积在头发表面而增加头发的滑感和分散性，对开叉头发也有所修复。主要包括聚季铵盐、季铵化羟乙基纤维素、季铵化羟丙基瓜尔胶、乙烯吡咯烷酮、丙烯酰胺、季铵化丝氨酸等。聚季铵盐能抗静电，与乳化硅油作用，可改善头发的干湿梳性，如聚季铵盐-7（M550）用于头发调理剂中，可极大地改善头发的可修饰性和调理性，对头发的调理、保湿、光泽、顺柔、滑爽都具有明显的效果，用量在2%～5 %。

乳化硅油能解决湿梳时（尤其在半干半湿状态下）头发与洗发水接触部位的涩感，该涩感在头发初干的时候会消失，而到次日午后明显表露出来，加入乳化硅油可以改善这种涩感，使头发滑爽、光亮，用量在1%～5%。

（4）黏度调节剂　黏度调节剂主要是调节产品的黏度，分为增调剂和降黏剂两种。常见原料包括有机水溶聚合物、有机半合成水溶聚合物、无机盐、无机聚合物等。

增调剂通过增加洗发水的黏度而使体系稳定，聚乙二醇单硬脂酸酯、聚乙二醇双硬脂酸酯（638）、椰油酰胺、甜菜碱等都具有明显的增调作用，用量为

2%～10%。汉生胶增调效果明显且受温度改变较小。脂肪酸甘油酯聚氧乙烯醚类增调效果明显，低温时黏度适中，使用方便。无机增调剂最常见的有氯化钠、氯化铵和硫酸钠，在一定范围内随添加量增大而使黏度增加，但过量后，黏度反而下降。

降黏剂能降低洗发水的黏度从而达到所需要的使用效果，常用的有二甲苯磺酸钠（SXS）和二甲苯磺酸胺（AXS），用量为0.5%～2%。

（5）添加剂　针对头发保养的各种需求，在洗发水中加入各种各样的添加剂，按功效分为去屑剂、营养剂、酸碱调节剂、色素等。去屑剂中角质溶解剂水杨酸和抑菌生长剂煤焦油现已很少使用，当前主要的去屑剂是吡硫嗡锌（ZPT），吡啶酮乙醇胺盐（OCT）、酮康唑（KTZ）和甘宝素，其去屑作用表现为较强的杀菌和抑菌能力，同时也能抗皮脂溢出。营养添加剂包括D-泛醇、季铵化水解蛋白、芦荟凝缩液、月桂酰谷氨酸钠（AC-223）、月桂酰肌氨酸钠（AC-215）等。D-泛醇能够保持头发的梳理性、保湿性，修补头发毛鳞片。水解蛋白能修补头发毛鳞片，防止头发开叉、受损，增加头发的密度，提高发质的光泽。芦荟凝缩液具有抗细菌、真菌及滋润柔亮头发的作用。月桂酰谷氨酸钠是温和的皮肤、头发清洁剂，几乎不被吸收，无过敏性，生物降解性好。月桂酰肌氨酸钠对皮肤刺激性小，具有抗菌性能，对热、酸、碱都比较稳定。酸性调节剂最常用的是柠檬酸，碱性调节剂包括碳酸氢钠和碳酸钠等。色素是用来调节产品的色泽，增加和满足产品的使用要求，常见有柠檬黄、日落黄、苋菜红、亮蓝等色素，在绿色安全的消费趋势下，提倡加入天然植物色素。

（6）防腐剂　防腐剂是保证洗发水质量的重要因素，它能使产品在保质期内微生物不超标，满足货架寿命。防腐剂在用量上并不是越多越好，在达到有效控制的情况下，用量应尽可能少，以减少对头皮的刺激作用。常用的防腐剂有卡松、尼泊金酯类和DMDM乙内酰脲。

卡松防腐剂高效无毒、抑菌范围广、持效性长，与表面活性剂配伍性好、性能稳定。尼泊金酯为对羟基苯甲酸酯类防腐剂，是国际公认的广谱高效防腐剂，它能破坏微生物的细胞膜，使细胞内的蛋白质变性从而抑制霉菌和酵母菌的活性。DMDM乙内酰脲在水相及油水乳液中抑菌性能稳定（能显著抑制革兰阴性菌），与其他组分配伍性良好，抑菌能力不受表面活性剂、蛋白质、乳化剂等的影响，是一种优良的抗菌剂。

（7）香精　香精主要包括天然香料、精油和化学香料，主要成分是百里香酚和苏合香醇等具有芳香气味的有机物，主要香型有柠檬、柑橘、茉莉、玫瑰、薰衣草、水蜜桃等。香精添加量一般在0.05%～0.5%。

3. 洗发香波的制备工艺

（1）冷配法　冷配法节省能源、节约成本、生产周期短，还能避免加热过程中的水分损失，所以在条件合适时宜探索采用冷配法配制。冷配对原料的溶解性要求比较高，配方成分须是低温水溶的成分，难溶或不溶物应预先溶好，并采取严格的灭菌措施，待生产时再加入到体系中。

（2）热配法　热配法并非对整个体系都进行加热，而是只将部分需加热溶解或消毒的原料（包括水）预先溶解好，再将余料加入，混合均匀，降温后加入香精防腐剂等。热配法对原料溶解性要求不高，且具有杀菌消毒的作用，但浪费能源、设备要求高、生产周期长。

第二节　洗发香波配方实例

配方 1　多功能洗发香波

原料配比

原料	配比(质量份)		
	1#	2#	3#
聚氧乙烯单月桂酸甘油酯	10	20	16
己二醇	3	6	5
月桂基聚氧乙烯醚硫酸钠	3	6	5
氯化钠	1	3	2
柠檬酸	1	3	2
水解胶原蛋白	4	8	6
硬脂酸乙二醇酯	10	20	16
油酰氨基酸钠	1	3	2
香精	0.1	0.3	0.2
水	100	200	160

制备方法　按配比，将各组分混合，搅拌分散均匀后即可得成品。

原料配伍　本品各组分质量份配比范围为：聚氧乙烯单月桂酸甘油酯 10～20，己二醇 3～6，月桂基聚氧乙烯醚硫酸钠 3～6，氯化钠 1～3，柠檬酸 1～3，水解胶原蛋白 4～8，硬脂酸乙二醇酯 10～20，油酰氨基酸钠 1～3，香精 0.1～0.3，水 100～200。

产品应用　本品是一种多功能洗发香波。

产品特性

（1）兼具洗发、养发及护发等多重功效。

（2）清洗效果良好，性能温和，对皮肤无任何刺激，洗后疏松爽快，柔顺光滑。

配方 2 儿童洗发香波

原料配比

原料	配比(质量份)			
	1#	2#	3#	4#
尿囊素	8	4	10	16
椰油丙基甜菜碱	10	15	8	5
柠檬酸	8	2	10	12
蜂蜜	12	15	10	5
玫瑰油	5	2	8	12
生物素	20	25	15	5
羊毛脂	6	2	8	12
去离子水	65	65	55	50

制备方法

(1) 一边搅拌一边将尿囊素、椰油丙基甜菜碱、柠檬酸、蜂蜜、玫瑰油和去离子水放入搅拌锅中，然后加热至体系温度约 65～70℃。

(2) 静置保温 10～15min 以灭菌，然后边搅拌边徐徐降温至 40℃左右，将生物素投入体系中。

(3) 继续搅拌降温至 40℃左右时，将羊毛脂投入体系中，并继续搅拌约 5～8min，停止搅拌，降温，然后送检待出料。

(4) 出料后将储料桶密封，并移至静置间待用。

原料配伍 本品各组分质量份配比范围为：尿囊素 4～16，椰油丙基甜菜碱 5～15，柠檬酸 2～12，蜂蜜 5～15，玫瑰油 2～12，生物素 5～25，羊毛脂 2～12，去离子水 50～65。

产品应用 本品是一种儿童洗发香波。

产品特性 本产品性质温和，不会刺激宝宝的皮肤，制备工艺简单，成本低廉，健康环保。

配方 3 防脱发的去屑香波

原料配比

原料	配比(质量份)					
	1#	2#	3#	4#	5#	6#
芝麻花	5	20	15	10	15	13
鸡冠花	15	35	20	30	20	25

续表

原料		配比(质量份)					
		1#	2#	3#	4#	5#	6#
何首乌		30	8	20	15	20	10
黄芪		40	20	30	30	35	33
党参		20	35	30	25	30	28
黄芝麻		30	20	47	35	40	37
当归		25	14	30	20	18	15
熟地		15	20	30	25	20	18
葛根		30	50	40	45	40	42
辛夷花		17	35	25	30	20	19
田七		8	30	25	20	15	12
辅料		40	35	20	30	30	25
辅料	去离子水	30	50	35	35	30	30
	表面活性剂	20	10	15	15	20	20
	头发调理剂	5	7	3	3	5	5
	天然香料	10	5	7	7	10	10
	苦丁茶提取物	7	5	3	3	7	7

制备方法

(1) 按质量份称取芝麻花、鸡冠花、何首乌、黄芪、党参、黄芝麻、当归、熟地、葛根、辛夷花和田七 11 味中草药，然后加入 11 味中草药总质量 5～10倍的 100℃水，浸泡 6～12h 后，加热至煮沸后，转文火煎煮 2～3h，冷却至室温后，过滤，得中药提取物，备用。

(2) 按质量配比称取所述辅料，在反应锅内，首先将去离子水和表面活性剂加入，混合后加热至 80～100℃，然后降温至 50～60℃时，加入头发调理剂、天然香料、苦丁茶提取物、步骤 (1) 制得的中药提取物及适量的防腐剂，采用搅拌设备充分混合均质后，并用柠檬酸调整 pH 值为 5.2～6.7，冷却后装瓶即得成品。

原料配伍 本品各组分质量份配比范围为：芝麻花 5～20，鸡冠花 15～35，何首乌 8～30，黄芪 20～40，党参 20～35，黄芝麻 20～47，当归 14～30，熟地 15～30，葛根 30～50，辛夷花 17～35，田七 8～30，辅料20～4 0。

所述辅料可以由以下原料制作而成：去离子水 30～50 份，表面活性剂 10～20份，头发调理剂 3～7 份，天然香料 5～10 份，苦丁茶提取物 3～7 份。

所述表面活性剂为月桂醇聚醚硫酸铵、椰油酰胺丙基甜菜碱、硬脂酸乙二醇双脂、聚季铵盐-10按等量混合配制而成，所述头发调理剂可以为橄榄油：乳化硅油＝1：(4～6)的体积比例混合而成。

产品应用 本品是一种防脱发的去屑香波。

产品特性 本产品可通过功能性药液渗入头皮，调理头皮的环境，从而发挥药效，有滋养毛囊、促进头皮血液循环、抑制头皮细菌和真菌的作用，使用后能改善头皮油脂的平衡及头皮瘙痒的问题，具有很好的去屑效果；同时有促使毛发粗壮、浓密，起到固发、防脱发的作用，且不会产生不良反应。

配方4 防脱发香波

原料配比

原料	配比(质量份)		
	1#	2#	3#
大黑蒿	2	4	3
黄寿丹	2	4	3
野豌豆	2	4	3
黄芪	2	4	3
十二烷基醇醚硫酸钠	10	15	20
椰子油酸二乙醇酰胺	4	3	2
柠檬酸	0.05	0.08	0.1
苯甲酸钠	3	2	1
水	适量	适量	适量

制备方法 取大黑蒿、黄寿丹、野豌豆、黄芪，加水煎煮两次，第一次加水为药材质量的8～12倍量，煎煮1～2h，第二次加水为药材质量的6～10倍量，煎煮1～2h合并煎液，浓缩至大黑蒿、黄寿丹、野豌豆、黄芪总质量的5倍量，加入十二烷基醇醚硫酸钠、椰子油酸二乙醇酰胺、柠檬酸、苯甲酸钠，70～80℃熔融，即得。

原料配伍 本品各组分质量份配比范围为：十二烷基醇醚硫酸钠10～20，椰子油酸二乙醇酰胺2～4，柠檬酸0.05～0.1，苯甲酸钠1～3，大黑蒿2～4，黄寿丹2～4，野豌豆2～4，黄芪2～4，水适量。

产品应用 本品是一种防脱发香波。

产品特性 本产品中大黑蒿清热凉血，黄寿丹活血调经，两者为君药，配伍野豌豆和黄芪，野豌豆补肾调经，黄芪补气，共同达到防脱发和去屑止痒的效果。

配方 5 橄榄光泽洗发香波

原料配比

<table>
<tr><td colspan="2" rowspan="2">原料</td><td colspan="4">配比(质量份)</td></tr>
<tr><td>1#</td><td>2#</td><td>3#</td><td>4#</td></tr>
<tr><td colspan="2">月桂基聚氧乙烯醚硫酸铵</td><td>10</td><td>10</td><td>10</td><td>10</td></tr>
<tr><td colspan="2">椰油酰胺丙基胺氧化物</td><td>1</td><td>1</td><td>1</td><td>1</td></tr>
<tr><td colspan="2">丙二醇</td><td>4</td><td>4</td><td>4</td><td>4</td></tr>
<tr><td colspan="2">橄榄油</td><td>0.5</td><td>0.5</td><td>0.5</td><td>0.5</td></tr>
<tr><td colspan="2">防腐剂</td><td>0.2</td><td>0.2</td><td>0.2</td><td>0.2</td></tr>
<tr><td colspan="2">水</td><td>加至 100</td><td>加至 100</td><td>加至 100</td><td>加至 100</td></tr>
<tr><td rowspan="4">防腐剂</td><td>茶多酚</td><td>10</td><td>—</td><td>10</td><td>20</td></tr>
<tr><td>山梨酸钾</td><td>10</td><td>20</td><td>—</td><td>10</td></tr>
<tr><td>丙酸钙</td><td>10</td><td>10</td><td>20</td><td>—</td></tr>
<tr><td>丁基氨基甲酸碘代丙炔酯</td><td>10</td><td>10</td><td>10</td><td>10</td></tr>
</table>

制备方法 取适量的水，加热至 80～90℃，在搅拌过程中，按所述比例加入月桂基聚氧乙烯醚硫酸铵和椰油酰胺丙基胺氧化物，搅拌均匀后，降低温度至 50～60℃，加入丙二醇、橄榄油和混合防腐剂，搅拌 1.5h 后，冷却至室温，得到橄榄光泽洗发香波。

原料配伍 本品各组分质量份配比范围为：月桂基聚氧乙烯醚硫酸铵 8～12，椰油酰胺丙基胺氧化物 0.5～1.5，丙二醇 2～6，橄榄油 0.4～0.6，防腐剂 0.1～0.2，水加至 100。

所述防腐剂由下述组分按质量份组成：茶多酚 10～20 份，山梨酸钾 10～20 份，丙酸钙 10～20 份，丁基氨基甲酸碘代丙炔酯 5～10 份。将茶多酚、山梨酸钾、丙酸钙和丁基氨基甲酸碘代丙炔酯搅拌混合均匀，即可制成混合防腐剂。

产品应用 本品是一种橄榄光泽洗发香波。

产品特性 本产品滋润柔顺，能增加头发光泽，防止开叉，并令头发恢复生气，更丰盈健康。本产品选用茶多酚、山梨酸钾、丙酸钙和丁基氨基甲酸碘代丙炔酯的配伍制成的防腐剂，具有很好的协同增效的抑杀效果和安全性能。

配方 6 高效去头屑洗发香波

原料配比

原料	配比(质量份)			
	1#	2#	3#	4#
乙二胺四乙酸二钠	0.3	0.5	0.4	0.35
脂肪醇聚氧乙烯醚硫酸钠	20	30	25	28
2,4,4′-三氯-2′-羟基二苯醚	0.1	0.3	0.2	0.25
吡啶硫铜锌	1	2	1.5	1.3
α-烯烃磺酸钠	10	15	13	12
硅酸铝镁	1	2	1.5	1
氯化钠	1	2	1.5	2
尼泊金丙酯	0.3	0.7	0.5	0.4
2,6-二叔丁基-4-甲基苯酚	0.1	0.3	0.2	0.15
乙醇	5	8	6	7
柠檬酸	6	10	8	9
桑白皮粉	1	3	2	2
菊花叶粉	1	3	2	2
透骨草粉	1	3	2	1
干姜粉	1	2	1.5	2
香精	1	2	1.5	1
色素	0.5	0.9	0.7	0.55
去离子水	50	60	55	52

制备方法

(1) 按质量份称取各原材料并单独存放。

(2) 将第一步称取的乙醇、去离子水、2,4,4′-三氯-2′-羟基二苯醚混合，加热到40～60℃，然后分别将乙二胺四乙酸二钠、脂肪醇聚氧乙烯醚硫酸钠、吡啶硫铜锌、α-烯烃磺酸钠、硅酸铝镁、氯化钠、2,6-二叔丁基-4-甲基苯酚加入并不断搅拌直到均匀，降温至20～30℃静置。

(3) 将尼泊金丙酯、柠檬酸、桑白皮粉、菊花叶粉、透骨草粉、干姜粉、香精、色素依次放入步骤 (2) 所得液体中并不断搅拌至均匀。

(4) 将容器密封并通入氮气，保持压力为2～3atm (1atm=101325Pa) 10～20min，达到灭氧菌的目的。

(5) 称重、定量包装入塑料容器或塑料袋中得高效去头屑洗发香波成品。

原料配伍 本品各组分质量份配比范围为：乙二胺四乙酸二钠0.3～0.5，脂肪醇聚氧乙烯醚硫酸钠20～30，2,4,4′-三氯-2′-羟基二苯醚0.1～0.3，吡啶硫铜锌1～2，α-烯烃磺酸钠10～15，硅酸铝镁1～2，氯化钠1～2，尼泊金丙酯0.3～0.7，2,6-二叔丁基-4-甲基苯酚0.1～0.3，乙醇5～8，柠檬酸6～10，桑白皮粉1～3，菊花叶粉1～3，透骨草粉1～3，干姜粉1～2，香精1～2，色素0.5～0.9，去离子水50～60。

所述香精为玫瑰香精或桃花香精或茉莉香精或梨花香精或苹果香精或薰衣草香精或草莓香精。

所述色素的颜色为蓝色或绿色。

所述桑白皮粉是将桑白皮晒干或烘干至含水率≤10%后磨碎成细度小于200目所得。

所述菊花叶粉是将菊花叶晒干或烘干至含水率≤10%后磨碎成细度小于200目所得。

所述透骨草粉是将透骨草晒干或烘干至含水率≤10%后磨碎成细度小于200目所得。

所述干姜粉是将生姜去皮后晒干或烘干至含水率≤10%后磨碎成细度小于200目所得。

产品应用　本品是一种高效去头屑洗发香波。

产品特性　本产品原料易购、成本低、制作方法简单、易掌握；去屑效率更高，去屑起效果的时间更早，止痒效果更加显著。

配方7　含保湿剂的无硅透明香波

原料配比

原料		配比(质量份)				
		1#	2#	3#	4#	5#
主表面活性剂	月桂醇聚醚硫酸酯钠	10	15	4.8	12.5	12
赋脂剂	聚乙二醇-7甘油椰油酸酯	1	4	3.8	2.5	2.2
助表面活性剂	椰油酰胺丙基甜菜碱	2	6	5.5	5	4
	癸基葡糖苷	1	4	3.5	2.5	2.3
	月桂酰两性基乙酸钠	0.5	3	2.8	1.8	1.7
增稠稳定剂	椰油酸单乙醇酰胺	0.5	2	1.8	1.25	1.2
	聚乙二醇-120甲基葡糖二油酸酯	0.1	1	0.9	0.55	0.5
保湿剂		0.25	3	2.9	1.65	1.6
营养剂	甜扁桃油	0.05	0.2	0.19	0.125	0.12
调理剂	5%聚季铵盐-10	2	10	9.5	6	5.5
	2%羟丙基瓜儿胶羟丙基三甲基氯化铵	2.5	10	9	6.25	6

续表

原料		配比(质量份)				
		1#	2#	3#	4#	5#
增溶剂	聚乙二醇-40氢化蓖麻油	0.5	2.5	2.45	1.5	1.4
香精		0.1	1	0.95	0.55	0.4
黏度调节剂	氯化钠	0.1	1	0.96	0.55	0.5
防腐剂		0.01	0.1	0.09	0.55	0.052
水		加至100	加至100	加至100	加至100	加至100
保湿剂	泛醇	30	50	40	40	40
	月桂醇聚醚-7柠檬酸酯	15	35	25	25	25
	甜菜碱	5	25	15	15	15
	库拉索芦荟叶汁	10	30	20	20	20

制备方法

(1) 按配比取用各组分。

(2) 将增稠稳定剂加热至70～90℃完全熔化。

(3) 将去离子水、主表面活性剂及助表面活性剂于搅拌锅中加热搅拌。

(4) 当温度升温至60～80℃时，加入调理剂。

(5) 继续加热至温度升至80～98℃，将熔化完全的增稠稳定剂加入搅拌锅中。

(6) 充分搅拌5～65min后，停止加热。

(7) 温度冷却至50～70℃时，加入混合完全的营养剂和增溶剂。

(8) 继续冷却至40～50℃时，依次加入保湿剂、赋脂剂、香精、防腐剂及黏度调节剂，搅拌10～70min后停止搅拌，即得所述含保湿剂的无硅透明香波。

原料配伍 本品各组分质量份配比范围为：主表面活性剂4.8～15，助表面活性剂0.5～13，保湿剂0.25～3，增稠稳定剂0.1～3，调理剂2～20，赋脂剂1～4，增溶剂0.5～2.5，营养剂0.05～0.2，香精0.1～1，黏度调节剂0.1～1，防腐剂0.01～0.1，水加至100。

所述的保湿剂由以下质量份含量的组分制得：泛醇30～50，月桂醇聚醚-7柠檬酸酯15～35，甜菜碱5～25，库拉索芦荟叶汁10～30。

所述的保湿剂的制备采用以下方法：按配比将泛醇和月桂醇聚醚-7柠檬酸酯混合加热到40℃后，加入库拉索芦荟叶汁和甜菜碱，搅拌均匀即可制得该保湿剂。

所述的主表面活性剂为月桂醇聚醚硫酸酯钠。

所述的助表面活性剂选用椰油酰胺丙基甜菜碱、癸基葡糖苷和月桂酰两性基乙酸钠混合。

所述的增稠稳定剂选用椰油酸单乙醇酰胺和聚乙二醇-120甲基葡糖二油酸酯混合。

所述的调理剂选用5%（质量分数）的聚季铵盐-10和2%（质量分数）的羟丙基瓜儿胶羟丙基三甲基氯化铵混合。

所述的赋脂剂为聚乙二醇-7甘油椰油酸酯。

所述的增溶剂为聚乙二醇-40氢化蓖麻油。

所述的营养剂为甜扁桃油。

所述的黏度调节剂为氯化钠。

产品应用 本品是一种含保湿剂的无硅透明香波。

产品特性

（1）本产品添加了多种保湿成分，可有效解决无硅产品洗发时和洗发后干涩的问题。保湿剂之间配伍良好，安全性好，刺激性小，能够长期使用，并且该保湿剂的制备过程及将该保湿剂加入搅拌锅中制备香波时，均在温和的温度下进行，这样不会破坏其有效成分。库拉索芦荟叶汁为芦荟叶精华，含丰富的氨基酸、维生素及多种矿物盐，能够锁紧水分，为极理想的润肤乳液，可深层渗透，自然地平衡肌肤酸碱度，能够滋润头皮，减少洗发后头皮干燥发紧的现象，同时能够避免头皮干燥，分泌过多的油脂。泛醇即维生素原B_5，具有持久的保湿功能，能防止头发开叉、受损，增加头发的密度，提高发质的光泽。甜菜碱为水溶性的天然吸湿因子，有强烈的吸湿性，能够提供大量水分，令头发及头皮保持湿润。对柠檬酸进行改性得到的月桂醇聚醚-7柠檬酸酯具有长效保湿作用，它可以降低表面活性剂系统的皮肤水分透皮损失，具有长效保护皮肤的屏障功能。本产品的保湿剂从多个方面下手，解决无硅产品洗发时和洗发后干涩的问题，令头发更加水润、顺滑。

（2）本产品不含硅油，通过加入保湿剂，能有效解决无硅产品洗发时和洗发后干涩的问题。湿冲时涩感明显减少，冲洗时更顺滑，干后头发更加水润，并且产品无色透明，各组分配伍良好，配方温和无刺激，能长期使用。

配方8 含金银花提取物的洗发护发香波

原料配比

原料		配比(质量份)			
		1#	2#	3#	4#
提取物		10	12	15	15
去离子水		10	18	15	20
二十二烷基三甲基氯化铵		4	7	11	-
瓜尔胶		1	2	4	4
甘宝素		2	5	7	8
双咪唑烷基脲		2	8	3	9
甲基异噻唑啉酮		1	3	2	7
乙二胺四乙酸二钠		3	6	6	7
月桂基硫酸铵		2	5	8	9
柠檬酸		1	4	2	7
棕榈酸异丙酯		3	6	7	8
月桂基二甲基铵羟丙基水解小麦蛋白		1	3	2	7
小麦氨基酸		3	8	7	10
骨胶原氨基酸		1	4	5	6
提取物	金银花	100	115	130	140
	质量分数是0.5%的硫酸钾溶液	150	—	—	—
	质量分数是0.7%的硫酸钾溶液	—	180	130	—
	质量分数是1%的硫酸钾溶液	—	—	—	200

制备方法

(1) 以质量份计，取金银花100～140份，研磨，加入质量分数是0.5%～1%的硫酸钾溶液150～200份，搅拌，加热，放冷后得到浸提液；加热温度至50～60℃，加热时间是2～4h。

(2) 将步骤(1)所得浸提液用大孔吸附树脂进行吸附，收集透过液；所用的大孔吸附树脂是聚苯乙烯大孔吸附树脂。所用的聚苯乙烯型大孔吸附树脂是HP20型聚苯乙烯大孔吸附树脂。

(3) 将步骤(2)所得透过液的pH值调节至8.0～10.0，用超滤膜进行过滤，得到超滤透过液。

(4) 在步骤(3)所得超滤透过液中加入95%乙醇进行萃取，得到有机相；95%乙醇的加入量是超滤透过液的1～3倍。

(5) 将步骤(4)所得有机相加热浓缩，待料液体积减小为原来的30%～50%时，冷却结晶，将结晶滤出，烘干，得到提取物；烘干温度是80～100℃，烘干时间是4～6h。

(6) 将提取物10～15份加入去离子水10～20份中，搅拌，再加入二十二烷基三甲基氯化铵4～12份，瓜尔胶1～4份，甘宝素2～8份，双咪唑烷基脲2～9份，甲基异噻唑啉酮1～7份，乙二胺四乙酸二钠3～7份，月桂基硫酸铵2～9份，柠檬酸1～7份，棕榈酸异丙酯3～8份，月桂基二甲基铵羟丙基水解小麦蛋白1～7份，小麦氨基酸3～10份，骨胶原氨基酸1～6份，搅拌均匀即可。

原料配伍 本品各组分质量份配比范围为：提取物10～15，去离子水10～20，二十二烷基三甲基氯化铵4～12，瓜尔胶1～4，甘宝素2～8，双咪唑烷基脲2～9，甲基异噻唑啉酮1～7，乙二胺四乙酸二钠3～7，月桂基硫酸铵2～9，柠檬酸1～7，棕榈酸异丙酯3～8，月桂基二甲基铵羟丙基水解小麦蛋白1～7，小麦氨基酸3～10，骨胶原氨基酸1～6。

产品应用 本品是一种含金银花提取物的洗发护发香波。

产品特性 本产品在受损头发上具有优异的抗缠绕性能和调理性能，稳定性良好，没有出现分层与明显变色的现象。

配方9 含鲜姜汁的氨基酸皂角液洗发香波

原料配比

原料	配比(质量份)
无患子皂角复合浓缩液	6～20
鲜榨姜汁	15～20
椰油酰基甘氨酸钾CGK-30	5～10
月桂酰谷氨酸钠	2～8
月桂酰肌氨酸钠	3～8
阳离子纤维素	0.5～2
阳离子瓜尔胶	0.5～2
橄榄油	2～5
甘油	1～2
1,3-丁二醇	2～3
纯净水	加至100

续表

原料		配比(质量份)
无患子皂角复合浓缩液	无患子	40～50
	皂角	30～40
	黑芝麻	3～5
	首乌	2～3
	茶籽	3～5
	墨旱莲	2～4
	侧柏叶	5～8
	天麻	1～2
	乌斯玛草	2～3

制备方法

(1) 将鲜生姜通过榨汁机压榨生姜汁，不添加水分。

(2) 将无患子、皂角、茶籽、黑芝麻、墨旱莲、侧柏叶加水进行熬制，提取浓缩液，将鲜姜汁、无患子、皂角复合中药浓缩液溶解于水中，再添加椰油酰基甘氨酸钾 CGK-30、月桂酰谷氨酸钠、月桂酰肌氨酸钠、甘油、1,3-丁二醇、橄榄油均匀加热搅拌后，待温度到 40～50℃，添加瓜尔胶、纤维素，搅拌增稠粉剂溶解后即可。

原料配伍 本品各组分质量份配比范围为：无患子皂角复合浓缩液 6～20，鲜榨姜汁 15～20，椰油酰基甘氨酸钾 CGK-30 5～10，月桂酰谷氨酸钠 2～8，月桂酰肌氨酸钠 3～8，阳离子纤维素 0.5～2，阳离子瓜尔胶 0.5～2，橄榄油 2～5，甘油 1～2，1,3-丁二醇 2～3，纯净水加至 100。

无患子皂角复合中药浓缩液配比：无患子 40～50，皂角 30～40，黑芝麻 3～5，首乌 2～3，茶籽 3～5，墨旱莲 2～4，侧柏叶 5～8，天麻 1～2，乌斯玛草 2～3。

产品应用 本品是一种用无患子、皂角、氨基酸表面活性剂等天然物质制成的洗发香波。儿童、孕妇、敏感性肌肤也可以使用。

产品特性 本产品以天然的植物起泡剂，温和低刺激、深层调理头皮环境，儿童、孕妇、敏感性肌肤也可以使用，弱酸性 pH 值为 5.5～6.5、里面的鲜生姜汁可以有效防止脱发、刺激毛囊生长，无患子、皂角等复合中草药成分具有温和清洁头皮，滋养、去除头屑、乌发的功效。

配方 10 含阳离子修饰烷基多聚糖苷的调理香波

原料配比

原料		配比(质量份)									
		1#	2#	3#	4#	5#	6#	7#	8#	9#	10#
主表面活性剂	月桂烷基硫酸铵(70%)	8	8	8	8	8	6	6	6	6	6
	月桂醇聚氧乙烯醚硫酸铵(70%)	10	10	12	12	12	10	12	12	12	12
两性表面活性剂	椰油两性乙酸钠	—	—	5	—	—	—	—	—	—	—
	椰油酰胺丙基甜菜碱	6	6	—	5	5	6	5	5	5	5
阳离子聚合物	聚十六烷基葡萄糖苷羟丙基十六烷基氯化铵	—	—	—	0.15	0.3	0.5	1	2	1	0.6
	十烷基葡萄糖苷羟丙基十八烷基氯化铵	—	—	—	0.3	0.6	1	2	1	0.5	0.3
	聚季铵盐-10	0.3	—	0.4	—	—	—	—	—	—	—
	阳离子瓜尔胶	—	0.3	—	—	—	—	—	—	—	—
珠光片		1.2	1.2	1.2	1.2	1.2	1.5	1.5	1.5	1.5	1.5
螯合剂	乙二胺四乙酸二钠	0.1	0.1	0.1	0.1	0.1	0.1	0.1	0.1	0.1	0.1
	柠檬酸	适量	适量	适量	适量	适量	适量	适量	适量	适量	适量
防腐剂		适量	适量	适量	适量	适量	适量	适量	适量	适量	适量
着色剂		适量	适量	适量	适量	适量	适量	适量	适量	适量	适量
香料		适量	适量	适量	适量	适量	适量	适量	适量	适量	适量
黏度调节剂	氯化钠	适量	适量	适量	适量	适量	适量	适量	适量	适量	适量
水		加至100	加至100	加至100	加至100	加至100	加至100	加至100	加至100	加至100	加至100

制备方法 将适量水加入到反应罐中，在缓慢搅拌下加入阳离子修饰烷基多聚糖苷包括聚十六烷基葡萄糖苷羟丙基十六烷基氯化铵和十烷基葡萄糖苷羟

丙基十八烷基氯化铵进行分散，再缓慢搅拌加热到60～80℃，接着加入月桂烷基硫酸铵、月桂醇聚氧乙烯醚硫酸铵、椰油两性乙酸钠、椰油酰胺丙基甜菜碱、珠光片、乙二胺四乙酸二钠（如果使用这些物质），使这些物质完全分散后降温。待温度降至45℃左右时再加入氯化钠、柠檬酸、防腐剂、色素、香精等继续搅拌，确保得到均匀的混合物。在加入所有的组分后，可根据需要加入黏度调节剂和pH调节剂，调节产品的黏度和pH到合适的程度。最后加入水补足至100。

原料配伍 本品各组分质量份配比范围为：主表面活性剂5.0～40，该表面活性剂为月桂醇硫酸铵和月桂醇聚氧乙烯醚硫酸铵的组合物，且两者的比例为质量比（1∶2）～（2∶1）。

两性表面活性剂1.0～10.0，该两性表面活性剂为椰油两性乙酸钠或椰油酰胺丙基甜菜碱。

阳离子聚合物0.05～3，该阳离子聚合物是阳离子修饰烷基多聚糖苷，该阳离子修饰烷基多聚糖苷是聚季铵化烷基多聚糖苷和季铵化烷基多聚糖苷的组合物，且两者的比例为质量比（1∶2）～（2∶1）。

所述聚季铵化烷基多聚糖苷为聚十六烷基葡萄糖羟丙基十六烷基氯化铵，季铵化烷基多聚糖苷为十烷基葡萄糖苷羟丙基十八烷基氯化铵。

所述调理香波，还含有占组合物质量0.05%～3.0%的珠光片。

所述一种含阳离子修饰烷基多聚糖苷的调理香波，其组分及含量为：月桂烷基硫酸铵（70%）6.0，月桂醇聚氧乙烯醚硫酸铵（70%）12.0，椰油酰胺丙基甜菜碱5.0，聚十六烷基葡萄糖苷羟丙基十六烷基氯化铵1.0，十烷基葡萄糖苷羟丙基十八烷基氯化铵2.0，珠光片1.5，乙二胺四乙酸二钠0.1，柠檬酸、防腐剂、着色剂、香料、氯化钠适量，水加至100。

所述阳离子聚合物选自：阳离子纤维素聚合物、阳离子瓜儿胶聚合物、以及阳离子修饰烷基多聚糖苷聚合物中的至少一种。阳离子纤维素聚合物是羟乙基纤维素与烷基三甲基氯化铵的共聚物。根据阳离子取代度的不同可分为：高阳离子取代度JR、中阳离子取代度LR和低阳离子取代度LK三种型号，优选高阳离子取代度的阳离子纤维素聚合物，即聚季铵盐-10，其他适合用于本产品的阳离子纤维素聚合物还有羟乙基纤维素与二烷基二甲基氯化铵的共聚物等；所述阳离子瓜儿胶是将瓜儿胶季铵化后得到的产品，其主要组分为瓜儿胶丙基三甲基氯化铵，根据取代度的不同可得到一系列的阳离子瓜儿胶产品，优选取代度为0.1～0.2，用于本发明的阳离子瓜儿胶在25℃条件下，其1%水溶液的黏度为2000～4000mPa·s。

本产品中聚季铵化烷基多聚糖苷优选聚十六烷基葡萄糖苷羟丙基十六烷基氯化铵以及季铵化烷基多聚糖苷，包括十烷基葡萄糖苷羟丙基十二烷基氯化铵、十二烷基葡萄糖苷羟丙基十二烷基氯化铵、六至八烷基葡萄糖苷羟丙基十二烷基氯化铵、十二烷基葡萄糖苷羟丙基十八烷基氯化铵、十烷基葡萄糖苷羟丙基十八烷基氯化铵、十二烷基葡萄糖苷羟丙基十六烷基氯化铵等，本产品中季铵化烷基多聚糖苷优选十烷基葡萄糖苷羟丙基十八烷基氯化铵。

所述珠光片是乙二醇单硬脂酸酯和乙二醇双硬脂酸酯。珠光片的加入，可以赋予香波漂亮的珠光效果。

香波组合物还包含黏度调节剂、螯合剂、pH 调节剂、防腐剂、色素和香料等。

所述黏度调节剂占组合物质量的 0.1%～5.0%，所述黏度调节剂有：氯化钠、氯化铵、单乙醇胺氯化物、纤维素衍生物、丙烯酸共聚物等。

所述螯合剂占组合物质量的 0.01%～0.30%，所述螯合剂有：乙二胺四乙酸、乙二胺四乙酸二钠、乙二胺四乙酸四钠、柠檬酸、磷酸、抗坏血酸等，优选乙二胺四乙酸二钠。

所述 pH 调节剂有：柠檬酸、磷酸等，优选柠檬酸，调节体系的 pH 值在 5.5～6.5。

产品应用 本品是一种含阳离子修饰烷基多聚糖苷的调理香波。

产品特性 本产品不含聚二甲基硅氧烷类调理剂，避免了因硅油的过度累积而造成的头发变粗、发黄、断裂等现象；阳离子修饰烷基多聚糖苷的加入，能够降低硫酸盐型阴离子表面活性剂的刺激性，同时给头发带来比较清爽和优良的干梳理和湿梳理的效果。

配方 11 胡萝卜素二合一香波

原料配比

原料	配比(质量份)	原料	配比(质量份)
AES	8	乳胶	0.5
椰油酸二乙醇酰胺	5	氮草酮	0.5
甜菜碱	4	香精	适量
聚氧化乙烯十八烷基醇醚	1	色素	适量
氯化钠	1	β-胡萝卜素	适量
乙二醇单硬脂酸甘油酯	0.8	去离子水	加至 100

制备方法

(1) 将 AES、椰油酸二乙醇酰胺、甜菜碱、聚氧化乙烯十八烷基醇醚、氯化钠、乙二醇单硬脂酸甘油酯、乳胶和去离子水混合加热熔融至 100℃。

(2) 待步骤 (1) 物料温度降至 80℃时加入氮草酮和色素，混合搅拌均匀，待其温度降至 70℃时加入胡萝卜素和香精，充分搅拌溶解，可得本产品，分装，贮存。

原料配伍 本品各组分质量份配比为：AES 8，椰油酸二乙醇酰胺 5，甜菜碱 4，聚氧化乙烯十八烷基醇醚 1，氯化钠 1，乙二醇单硬脂酸甘油酯 0.8，乳胶 0.5，氮䓬酮 0.5，香精适量、色素适量、β-胡萝卜素适量、去离子水加至 100。

产品应用 本品是一种天然温和、深层清洁的胡萝卜素二合一香波，对头发具有良好的清洁、护理、保健的效果。

产品特性 本品天然温和、深层清洁；pH 值与人体皮肤的 pH 值接近，对皮肤无刺激性；使用后明显感到舒适、柔软、无油腻感，对头发具有明显的清洁、护理、保健的效果。

配方 12 护发香波

原料配比

原料	配比(质量份)		
	1#	2#	3#
车前草	2	4	3
风轮菜	2	4	3
当归	2	4	3
菊花	2	4	3
羊毛脂	4	6	5
鲸蜡醇	2	4	3
分子量为 2000 的聚乙二醇	6	10	8
月桂醇硫酸酯钠	40	60	50

制备方法 取车前草、风轮菜、当归、菊花，加水煎煮两次，第一次加水为药材质量的 8～12 倍量，煎煮 1～2h，第二次加水为药材质量的 6～10 倍量，煎煮 1～2h 合并煎液，浓缩至车前草、风轮菜、当归、菊花总质量的 10 倍量，加入羊毛脂、鲸蜡醇、分子量为 2000 的聚乙二醇、月桂醇硫酸酯钠，70～80℃熔融，即得。

原料配伍 本品各组分质量份配比范围为：羊毛脂 4～6，鲸蜡醇 2～4，分子量为 2000 的聚乙二醇 6～10，月桂醇硫酸酯钠 40～60，车前草 2～4，风轮菜 2～4，当归 2～4，菊花 2～4。

产品应用 本品是一种护发香波。

产品特性 中医学认为脱发的原因有两种：一是血热风燥，血热偏胜，耗伤阴血，血虚生风，更伤阴血，阴血不能上至巅顶濡养毛根，毛根干涸，或发虚脱落；二是脾胃湿热，脾虚运化无力，加之恣食肥甘厚味，伤胃损脾，致使湿热上蒸巅顶，侵蚀发根，发根渐被腐蚀，头发则表现黏腻而脱落。本产品使用的车前草、风轮菜清热利湿，当归补血，菊花散风清热、平肝明目，相互配伍，相得益彰，达到清热补血、护理头发的效果。

配方 13　胶原蛋白洗发香波

原料配比

原料		配比(质量份)			
		1#	2#	3#	4#
月桂基聚氧乙烯醚硫酸铵		10	10	10	10
月桂酰两性基乙酸钠		3	3	3	3
丙二醇		4	4	4	4
水解胶原		0.5	0.5	0.5	0.5
防腐剂		0.2	0.2	0.2	0.2
水		加至 100	加至 100	加至 100	加至 100
防腐剂	茶多酚	10	—	10	20
	山梨酸钾	10	20	20	10
	丙酸钙	10	10	—	—
	丁基氨基甲酸碘代丙炔酯	10	10	10	10

制备方法　取适量的水，加热至 80～90℃，在搅拌过程中，按所述比例加入月桂基聚氧乙烯醚硫酸铵和月桂酰两性基乙酸钠，搅拌均匀后，降低温度至 50～60℃，加入丙二醇、水解胶原和混合防腐剂，搅拌 1.5h 后，冷却至室温，得到胶原蛋白洗发香波。

原料配伍　本品各组分质量份配比范围为：月桂基聚氧乙烯醚硫酸铵 8～12，月桂酰两性基乙酸钠 2～4，丙二醇 2～6，水解胶原 0.4～0.6，防腐剂 0.1～0.2，水加至 100。

所述防腐剂由下述组分按质量份组成：茶多酚 10～20 份，山梨酸钾 10～20 份，丙酸钙 10～15 份，丁基氨基甲酸碘代丙炔酯 5～10 份。

产品应用　本品是一种胶原蛋白洗发香波。

产品特性　本产品泡沫丰富，能够修护头发软弱干脆、开叉、枯黄及其他受损发质。本产品选用茶多酚、山梨酸钾、丙酸钙和丁基氨基甲酸碘代丙炔酯的配伍制成的防腐剂，具有很好的协同增效的抑杀效果和安全性能。

配方 14　具有清凉感的温和控油香波

原料配比

原料		配比(质量份)									
		1#	2#	3#	4#	5#	6#	7#	8#	9#	10#
两性表面活性剂	椰油酰胺丙基羟基磺基甜菜碱	9	9	9.5	9.5	10	10	10.5	11	12	13
	椰油酰两性基乙酸钠	9	9.5	10	10	10.5	8	8.5	9	8.5	10
	月桂酰肌氨酸钠	9	9.5	9.5	10.5	10.5	6	6.5	7	7.5	8
烷基葡糖苷	癸基葡糖苷	3	3.5	4	4.5	4	6	5.5	5	4.5	4
阳离子聚合物	瓜尔胶	0.1	0.1	0.15	0.15	0.1	0.2	0.2	0.2	0.2	0.2
控油活性物		3	3.2	3.5	4	4.5	5	5.5	5	6	6.5
薄荷乳酸酯		0.5	1	1	1.5	2	2.5	3.5	3	4.5	4
珠光剂	乙二醇硬脂酸双酯	1	1	1	1	1	0.8	0.8	0.8	0.8	0.8
螯合剂	乙二胺四乙酸二钠	0.1	0.1	0.1	0.1	0.1	0.1	0.1	0.1	0.1	0.1
pH调节剂	柠檬酸	适量	适量	适量	适量	适量	适量	适量	适量	适量	适量
防腐剂		适量	适量	适量	适量	适量	适量	适量	适量	适量	适量
着色剂		适量	适量	适量	适量	适量	适量	适量	适量	适量	适量
香料		适量	适量	适量	适量	适量	适量	适量	适量	适量	适量
黏度调节剂	氯化钠	适量	适量	适量	适量	适量	适量	适量	适量	适量	适量
水		加至100	加至100	加至100	加至100	加至100	加至100	加至100	加至100	加至100	加至100

制备方法 将适量水加入到反应罐中，再缓慢搅拌下加入聚季铵盐-10进行分散，再缓慢搅拌加热到60～80℃，接着加入pH调节剂（例如柠檬酸）、月桂烷基硫酸铵、月桂醇聚氧乙烯醚硫酸铵、椰油酰胺丙基羟磺基甜菜碱、月桂基两性乙酸钠、脂肪酸单乙醇酰胺、鲸蜡基三甲基氯化铵、珠光片、乙二胺四乙酸二钠（如果使用这些物质），使这些物质完全分散后降温。待温度降至65℃左右时加入去屑剂双吡啶硫酮，分散均匀后降温至50℃以下加入聚二甲

基硅氧烷、营养添加剂分散均匀，再加入防腐剂、色素、香精等继续搅拌，确保得到均匀的混合物。在加入所有的组分后，可根据需要加入黏度调节剂和pH调节剂，调节产品的黏度和pH到合适的程度。最后加水补足至100。

原料配伍 本品各组分质量份配比范围为：两性表面活性剂5.0～40，烷基葡糖苷表面活性剂1.0～10.0，控油活性物0.05～8，薄荷乳酸酯0.1～10，阳离子聚合物0.05～3.0，水加至100。

所述控油活性物包含以下组分：5%～10%的烟酰胺，5%～10%的酵母提取物，5%～10%的欧洲七叶树提取物，1%～5%的甘草酸铵，1%～5%的泛醇，1%～5%的丙二醇，1%～5%的葡糖酸锌，0.1%～1%的咖啡因。

所述两性表面活性剂选自：甜菜碱型两性表面活性剂、咪唑啉两性表面活性剂和氨基酸型表面活性剂，其质量比为（1∶1∶3）～（3∶3∶1）。

所述烷基葡糖苷选自月桂基葡糖苷、椰油基葡糖苷、癸基葡糖苷和辛基/癸基葡糖苷的至少一种。

所述阳离子聚合物选自：阳离子纤维素聚合物或阳离子瓜尔胶聚合物的至少一种。

香波组合物还可以包含其他任选组分，包括珠光剂、黏度调节剂、螯合剂、pH调节剂、防腐剂、色素和香料等。

所述珠光剂占组合物质量的0.05%～3.0%，所述珠光剂有：乙二醇硬脂酸单酯和乙二醇硬脂酸双酯、单硬脂酸和棕榈酸丙二醇酯及甘油酯、硬脂酸烷基醇酰胺硬脂酸镁、微细分散的氧化锌和二氧化钛，优选乙二醇硬脂酸双酯。

所述黏度调节剂占组合物质量的0.1%～5.0%，所述黏度调节剂有：氯化钠、氯化铵、单乙醇胺氯化物、硫酸钠、磷酸铵、羟乙基纤维素、羟丙基纤维素、丙烯酸和长链烷基甲基丙烯酸酯共聚物、丙烯酸盐/硬脂醇醚-20/甲基丙烯酸盐共聚物、甲基葡糖苷聚氧乙烯醚（120）二油酸酯等。

所述螯合剂占组合物质量的0.01%～0.30%，所述螯合剂有：乙二胺四乙酸、乙二胺四乙酸二钠、乙二胺四乙酸三钠、乙二胺四乙酸四钠等，优选乙二胺四乙酸二钠。

所述pH调节剂有：柠檬酸、磷酸等，优选柠檬酸，调节体系的pH值在5.0～8.0，优选5.5～6.5。

产品应用 本品是一种具有清凉感的温和控油香波。

使用方法：

（1）用水将头发润湿。

（2）在头发上施用有效量的香波组合物，所述有效剂量的范围通常为1～50g，优选2～20g。

（3）用水漂洗头发上的香波组合物。

产品特性 本产品特别添加一种来源于植物和生化合成的具有协同作用的控油复合物，不仅能清除头皮上的皮脂，也能有效地调节皮脂腺的活跃度，减少皮脂的分泌，同时添加薄荷乳酸酯，带给使用者清凉净爽的感觉，保持头发清新，延长头发的再油腻时间。

配方 15 具有调理头发功能的洗发香波

原料配比

原料	配比(质量份)				
	1#	2#	3#	4#	5#
十二烷基苯磺酸钠	23	20	25	22	23
月桂醇硫酸钠	10	3	12	11	10
壬基酚聚氧乙烯醚	2	1	3	1.8	2
硫酸钠	3	2	4	3.2	3
硅酸钠	3	2	4	2.6	3
咪唑烷基脲	2	1	3	1.9	2
羊毛脂	4	3	5	4.5	4
尼泊金甲酯	0.5	0.3	0.7	0.6	0.5
黄原胶	0.5	0.4	0.6	0.55	0.5
十八醇	13	10	15	14	13
芝麻油	1.5	1	2	1.8	1.5
首乌汁	1.5	1	2	1.6	1.5
凡士林	4	3	5	4	4
香精	1.0	0.8	1.2	0.9	1
色素	0.8	1	1	0.6	0.8
柠檬酸	40	35	50	42	40
去离子水	68	50	80	55	68

制备方法

(1) 按质量份称取各原材料，将各原材料单独存放，将去离子水按质量等分后，分两个容器单独存放。

(2) 取步骤 (1) 所称的一半质量的去离子水、壬基酚聚氧乙烯醚与十八醇进入混合并搅拌均匀，然后加入咪唑烷基脲、羊毛脂、黄原胶、十二烷基苯磺酸钠、月桂醇硫酸钠、硫酸钠、硅酸钠、凡士林，加热到 50～60℃，并搅拌均匀，然后冷却到 20～30℃。

(3) 在步骤 (2) 的制品中加入尼泊金甲酯、芝麻油、首乌汁、香精、色素并搅拌均匀。

(4) 将第（1）步中称取的柠檬酸加入第（3）步中的半成品中搅拌均匀，并慢慢注入第（2）步中用剩的去离子水，不断监测直到 pH 值为 6～8 时为止，搅拌均匀后静置得到具有调理头发功能的洗发香波成品，若去离子水未用完则剩余的去离子水不再使用。

(5) 对于第（4）步中的成品进行灭菌、定量包装即得具有调理头发功能的洗发香波。

原料配伍 本品各组分质量份配比范围为：十二烷基苯磺酸钠 20～25，月桂醇硫酸钠 3～12，壬基酚聚氧乙烯醚 1～3，硫酸钠 2～4，硅酸钠 2～4，咪唑烷基脲 1～3，羊毛脂 3～5，尼泊金甲酯 0.3～0.7，黄原胶 0.4～0.6，十八醇 10～15，芝麻油 1～2，首乌汁 1～2，凡士林 3～5，香精 0.8～1.2，色素 0.5～1.0，柠檬酸 32～50，去离子水 50～80。

所述首乌汁是何首乌的根或茎或叶或根、茎、叶二者以上的混合体经过打浆、沉淀后得到的汁液。

所述香精为玫瑰香精或桃花香精或茉莉香精或梨花香精或苹果香精或薰衣草香精或草莓香精。

所述色素的颜色为蓝色或绿色。

所述洗发香波呈液体膏状。

产品应用 本品是一种具有调理头发功能的洗发香波。

使用方法：先将头发浸湿润，然后取 10～30g 本产品均匀涂抹在头发上并保持 10～20min，接着洗净头发。

产品特性

(1) 本产品原料易购，产品易制作、易掌握，合格率高，制作设备要求低，产品无环境污染，不具毒性，具有营养与滋润头发及头皮的功能，去污力强。

(2) 本产品不仅可以用于干性、中性、油性头发用户使用，而且还具有黄原胶、芝麻油、首乌汁等营养成分，故具有滋润与营养头发的作用，本产品对于头发污垢的洗洁能力超强，使用本产品后头发更光滑、更易梳理。

配方 16 狸獭油营养香波

原料配比

原料	配比(质量份)	原料	配比(质量份)
狸獭油	8	十二烷基苯磺酸钠	2.5
脂肪醇聚氧乙烯醚硫酸钠	8.5	香精	适量
脂肪醇聚醚酰胺	4.5	去离子水	适量
N-油酰基-N-甲基牛磺酸钠	14		

制备方法

（1）在无菌条件下，将狸獭油、脂肪醇聚氧乙烯醚硫酸钠、脂肪醇聚醚酰胺等原料加热至65～90℃，趁热过滤，混合搅拌均匀备用。

（2）在无菌条件下，将*N*-油酰基-*N*-甲基牛磺酸钠、十二烷基苯磺酸钠、去离子水等原料加热至65～90℃，趁热过滤，混合搅拌均匀，使其彻底乳化备用。

（3）将步骤（1）混合液加入步骤（2）混合液中，边加入边搅拌，待温度降至30～40℃时加入香精，继续搅拌均匀，静置即可得成品。

原料配伍 本品各组分质量份配比为：狸獭油8，脂肪醇聚氧乙烯醚硫酸钠8.5，脂肪醇聚醚酰胺4.5，*N*-油酰基-*N*-甲基牛磺酸钠14，十二烷基苯磺酸钠2.5，香精、去离子水适量。

产品应用 本品是一种温和无刺激，清洁、滋养头皮的狸獭油营养香波，对头发具有良好的清洁、滋润、顺滑的效果。

产品特性 本品温和无刺激，清洁、滋养头皮；pH值与人体皮肤的pH值接近，对皮肤无刺激性；使用后明显感到舒适、柔软、无油腻感，对头发具有明显的清洁、滋润、顺滑的效果。

配方17 芦荟柔顺洗发香波

原料配比

原料		配比(质量份)			
		1#	2#	3#	4#
月桂基聚氧乙烯醚硫酸铵		10	10	10	10
椰油酰胺丙基甜菜碱		3	3	3	3
丙二醇		4	4	4	4
芦荟苦素		0.5	0.5	0.5	0.5
防腐剂		0.2	0.2	0.2	0.2
水		加至100	加至100	加至100	加至100
防腐剂	茶多酚	10	—	10	—
	山梨酸钾	10	20	—	20
	丙酸钙	10	10	20	10
	丁基氨基甲酸碘代丙炔酯	10	10	10	10

制备方法 取适量的水，加热至80～90℃，在搅拌过程中，按所述比例加入月桂基聚氧乙烯醚硫酸铵和椰油酰胺丙基甜菜碱，搅拌均匀后，降低温度

至 50～60℃，加入丙二醇、芦荟苦素和混合防腐剂，搅拌 1.5h 后，冷却至室温，得到芦荟柔顺洗发香波。

原料配伍 本品各组分质量份配比范围为：月桂基聚氧乙烯醚硫酸铵 8～12，椰油酰胺丙基甜菜碱 2～4，丙二醇 2～6，芦荟苦素 0.4～0.6，防腐剂 0.1～0.2，水加至 100。

所述防腐剂由下述组分按质量份组成：茶多酚 10～15 份，山梨酸钾 10～20 份，丙酸钙 10～20 份，丁基氨基甲酸碘代丙炔酯 5～10 份。

产品应用 本品是一种芦荟柔顺洗发香波。

产品特性 本品泡沫丰富，蕴含芦荟精华，加倍滋养头发。本品选用茶多酚、山梨酸钾、丙酸钙和丁基氨基甲酸碘代丙炔酯的配伍制成的防腐剂，具有很好的协同增效的抑杀效果和安全性能。

配方 18 卵黄磷脂洗发香波

原料配比

原料	配比(质量份)	原料	配比(质量份)
十二醇醚硫酸钠	8	尼泊金乙酯	0.3
十二烷基硫酸钠	2	色素	适量
肉豆蔻酸异丙酯	1	香精	适量
卵黄油	1	去离子水	加至 100

制备方法

（1）将十二醇醚硫酸钠、十二烷基硫酸钠、肉豆蔻酸异丙酯、卵黄油、尼泊金乙酯等原料混合搅拌均匀，备用。

（2）将去离子水加热至沸腾，在搅拌下加入步骤（1）物料，混合均匀。

（3）待步骤（2）物料冷却至 55℃时调色并加入香精、色素等原料，充分混合，静置可得成品。

原料配伍 本品各组分质量份配比为：十二醇醚硫酸钠 8，十二烷基硫酸钠 2，肉豆蔻酸异丙酯 1，卵黄油 1，尼泊金乙酯 0.3，色素、香精适量，去离子水加至 100。

产品应用 本品是一种温和无刺激，保健、滋养头皮的卵黄磷脂洗发香波，对头发具有良好的清洁、柔顺、光亮的效果。

产品特性 本产品温和无刺激，保健、滋养头皮；pH 值与人体皮肤的 pH 值接近，对皮肤无刺激性；使用后明显感到舒适、柔软、无油腻感，对头发具有明显的清洁、柔顺、光亮的效果。

配方 19 螺旋藻蛋白调理香波

原料配比

原料	配比(质量份)	原料	配比(质量份)
月桂醇硫酸三乙醇胺	34.5	氯化钠	0.1
椰油酰胺丙基甜菜碱	11	香精	适量
水解胶原蛋白	1.1	色素	适量
椰油酸二乙醇酰胺	2.1	防腐剂	适量
螺旋藻提取物	3.6	去离子水	加至100

制备方法 将所有组分加入去离子水中，加热搅拌使其均匀溶解，冷却至40℃时加入螺旋藻提取物、氯化钠、香精、色素和防腐剂，搅拌混匀即可。

原料配伍 本品各组分质量份配比范围为：月桂醇硫酸三乙醇胺20～50，椰油酰胺丙基甜菜碱10～13，水解胶原蛋白0.5～1.5，椰油酸二乙醇酰胺2.1，螺旋藻提取物2～5，氯化钠0.1，香精、色素、防腐剂适量，去离子水加至100。

产品应用 本品是一种中药螺旋藻蛋白调理香波。

产品特性 本品能增加头发的营养和韧性，减少断发和脱发，延缓白发的产生，抗菌、消炎，并有防治偏头痛的作用。

配方20 去屑香波

原料配比

原料	配比(质量份)			
	1#	2#	3#	4#
月桂基硫酸铵	33	50	44	45
甘宝素	1	2	1	2
氯化钠	4	10	7	7
单硬脂酸甘油酯	7	19	11	12
铝硅酸镁	1	4	3	3
香精	4	6	4～6	4～6
防腐剂	1	2	1	2
去离子水	100	200	155	100

制备方法 首先，将去离子水放入烧杯内，依次加入月桂基硫酸铵、甘宝素、氯化钠、单硬脂酸甘油酯、铝硅酸镁加热至70℃，搅拌均匀；其次冷却至20℃时，加入香精和防腐剂混合均匀；最后，密封制得去头屑香波。

原料配伍 本品各组分质量份配比范围为：月桂基硫酸铵33～50，甘宝素1～2，氯化钠4～10，单硬脂酸甘油酯7～19，铝硅酸镁1～4，香精4～6，防腐剂1～2和去离子水100～200。

产品应用　本品主要是一种去头屑香波。

产品特性　该去头屑香波具有去屑、止痒和杀菌的效果，且使用后头发光滑、湿润和舒适，无任何不良反应，不刺激皮肤，安全可靠。

配方 21　人参皂苷保健调理香波

原料配比

原料	配比(质量份)	原料	配比(质量份)
月桂醇硫酸酯三乙醇胺盐	50～80	羟丙基纤维素	1～3
人参皂苷	10～20	香料	1～2
两性取代咪唑啉	10～30	水	80～120
月桂酰二乙醇胺	5～15		

制备方法　将全部物料混合，在 60～70℃ 下搅拌 60～90min，即得产品。

原料配伍　本品各组分质量份配比范围为：月桂醇硫酸酯三乙醇胺盐 50～80，人参皂苷 10～20，两性取代咪唑啉 10～30，月桂酰二乙醇胺 5～15，羟丙基纤维素 1～3，香料 1～2，水 80～120。

产品应用　本品主要是一种人参皂苷保健调理香波。

产品特性　本产品具有配方科学、合理，防止脱发、柔顺营养、防止分叉，气味好，容易漂沫等优点。

配方 22　珊瑚姜洗发香波

原料配比

原料	配比(质量份)	原料	配比(质量份)
珊瑚姜精油	0.3	甘油	3
芦荟	2	十二烷基苯磺酸钠	2.5
AES	12	香精	适量
6501	5	去离子水	适量
BS-12	5		

制备方法

(1) 在无菌条件下，将 AES、6501、BS-12、甘油、十二烷基苯磺酸钠和去离子水等原料加热至 65～90℃，趁热过滤，混合搅拌均匀，使其彻底乳化备用。

(2) 待步骤 (1) 混合液温度降至 50℃ 时加入珊瑚姜精油和芦荟，搅拌混合均匀，降至 40℃ 时加入香精，继续搅拌，冷却至室温时即可得成品。

原料配伍　本品各组分质量份配比为：珊瑚姜精油 0.3，芦荟 2，AES 12，6501 5，BS-12 5，甘油 3，十二烷基苯磺酸钠 2.5，香精、去离子水适量。

产品应用　本品是一种深层清洁、杀菌止痒的珊瑚姜洗发香波，对头发具有良好的清洁、滋养、保健的效果。

产品特性　本产品深层清洁、杀菌止痒；pH值与人体皮肤的pH值接近，对皮肤无刺激性；使用后明显感到舒适、清爽、无油腻感，对头发具有明显的清洁、滋养、保健的效果。

配方23　石栗籽油洗发香波

原料配比

原料		配比(质量份)			
		1#	2#	3#	4#
月桂基聚氧乙烯醚硫酸铵		10	10	10	10
鲸蜡硬脂基葡糖苷		3	3	3	3
丙二醇		4	4	4	4
石栗籽油		0.5	0.5	0.5	0.5
防腐剂		0.2	0.2	0.2	0.2
水		加至100	加至100	加至100	加至100
防腐剂	茶多酚	10	—	10	20
	山梨酸钾	10	20	—	10
	丙酸钙	10	10	20	—
	丁基氨基甲酸碘代丙炔酯	10	10	10	10

制备方法　取适量的水，加热至80～90℃，在搅拌过程中，按所述比例加入月桂基聚氧乙烯醚硫酸铵和鲸蜡硬脂基葡糖苷，搅拌均匀后，降低温度至50～60℃，加入丙二醇、石栗籽油和混合防腐剂，搅拌1.5h后，冷却至室温，得到石栗籽油洗发香波。

原料配伍　本品各组分质量份配比范围为：月桂基聚氧乙烯醚硫酸铵8～12，鲸蜡硬脂基葡糖苷2～4，丙二醇2～6，石栗籽油0.4～0.6，防腐剂0.1～0.2，水加至100。

所述防腐剂由下述组分按质量份组成：茶多酚10～20份，山梨酸钾10～20份，丙酸钙10～20份，丁基氨基甲酸碘代丙炔酯5～10份。

产品应用　本品是一种石栗籽油洗发香波。

产品特性　本产品泡沫丰富，高效滋润，有效增强发质，令毛发丰盈，富有弹性。本产品选用茶多酚、山梨酸钾、丙酸钙和丁基氨基甲酸碘代丙炔酯的配伍制成的防腐剂，具有很好的协同增效的抑杀效果和安全性能。

配方 24 丝素氨基酸滋养洗发香波

原料配比

原料		配比(质量份)			
		1#	2#	3#	4#
月桂基聚氧乙烯醚硫酸铵		10	10	10	10
巴巴苏油酰胺丙基胺氧化物		1	1	1	1
丙二醇		4	4	4	4
丝素氨基酸		0.5	0.5	0.5	0.5
防腐剂		0.2	0.2	0.2	0.2
水		加至 100	加至 100	加至 100	加至 100
防腐剂	茶多酚	10	—	10	20
	山梨酸钾	10	20	—	10
	丙酸钙	10	10	20	—
	丁基氨基甲酸碘代丙炔酯	10	10	10	10

制备方法 取适量的水，加热至 80～90℃，在搅拌过程中，按所述比例加入月桂基聚氧乙烯醚硫酸铵和巴巴苏油酰胺丙基胺氧化物，搅拌均匀后，降低温度至 50～60℃，加入丙二醇、丝素氨基酸和混合防腐剂，搅拌 1.5h 后，冷却至室温，得到丝素氨基酸滋养洗发香波。

原料配伍 本品各组分质量份配比范围为：月桂基聚氧乙烯醚硫酸铵 8～12，巴巴苏油酰胺丙基胺氧化物 0.5～1.5，丙二醇 2～6，丝素氨基酸 0.4～0.6，防腐剂 0.1～0.2，水加至 100。

所述防腐剂由下述组分按质量份组成：茶多酚 10～20 份，山梨酸钾 10～20 份，丙酸钙 10～20 份，丁基氨基甲酸碘代丙炔酯 5～10 份。将茶多酚、山梨酸钾、丙酸钙和丁基氨基甲酸碘代丙炔酯搅拌混合均匀，即可制成混合防腐剂。

产品应用 本品是一种丝素氨基酸滋养洗发香波。

产品特性 本产品泡沫丰富，对于受化学及外因损伤的头发具有很好的滋养作用。本产品选用茶多酚、山梨酸钾、丙酸钙和丁基氨基甲酸碘代丙炔酯的配伍制成的防腐剂，具有很好的协同增效的抑杀效果和安全性能。

配方 25 檀香洗发香波

原料配比

原料		配比(质量份)			
		1#	2#	3#	4#
月桂基聚氧乙烯醚硫酸铵		10	10	10	10
十二烷基葡糖苷		3	3	3	3
丙二醇		4	4	4	4
香脂檀树皮油		0.5	0.5	0.5	0.5
防腐剂		0.2	0.2	0.2	0.2
水		加至100	加至100	加至100	加至100
防腐剂	茶多酚	10	—	10	20
	山梨酸钾	10	20	—	10
	丙酸钙	10	10	20	—
	丁基氨基甲酸碘代丙炔酯	10	10	10	10

制备方法 取适量的水，加热至80～90℃，在搅拌过程中，按所述比例加入月桂基聚氧乙烯醚硫酸铵和十二烷基葡糖苷，搅拌均匀后，降低温度至50～60℃，加入丙二醇、香脂檀树皮油和混合防腐剂，搅拌1.5h后，冷却至室温，得到檀香洗发香波。

原料配伍 本品各组分质量份配比范围为：月桂基聚氧乙烯醚硫酸铵8～12，十二烷基葡糖苷2～4，丙二醇2～6，香脂檀树皮油0.4～0.6，防腐剂0.1～0.2，水加至100。

所述防腐剂由下述组分按质量份组成：茶多酚10～20份，山梨酸钾10～20份，丙酸钙10～20份，丁基氨基甲酸碘代丙炔酯5～10份。将茶多酚、山梨酸钾、丙酸钙和丁基氨基甲酸碘代丙炔酯搅拌混合均匀，即可制成混合防腐剂。

产品应用 本品是一种檀香洗发香波。

产品特性 本产品泡沫丰富，香味精纯独特、优雅清净，具有独特的安抚作用。本产品选用茶多酚、山梨酸钾、丙酸钙和丁基氨基甲酸碘代丙炔酯的配伍制成的防腐剂，具有很好的协同增效的抑杀效果和安全性能。

配方26 洗发香波

原料配比

原料	配比(质量份)			
	1#	2#	3#	4#
月桂基聚氧乙烯醚硫酸铵	10	10	10	10
月桂醇聚醚磺基琥珀酸酯二钠	3	3	3	3

续表

原料		配比(质量份)			
		1#	2#	3#	4#
双丙甘醇		4	4	4	4
吡咯烷酮羟酸钠		0.5	0.5	0.5	0.5
防腐剂		0.2	0.2	0.2	0.2
水		加至100	加至100	加至100	加至100
防腐剂	茶多酚	10	—	10	20
	山梨酸钾	10	20	—	10
	丙酸钙	10	10	20	—
	丁基氨基甲酸碘代丙炔酯	10	10	10	10

制备方法 取适量的水，加热至80～90℃，在搅拌过程中，按所述比例加入月桂基聚氧乙烯醚硫酸铵和月桂醇聚醚磺基琥珀酸酯二钠，搅拌均匀后，降低温度至50～60℃，加入双丙甘醇、吡咯烷酮羟酸钠和混合防腐剂，搅拌1.5h后，冷却至室温，得到洗发香波。

原料配伍 本品各组分质量份配比范围为：月桂基聚氧乙烯醚硫酸铵8～12，月桂醇聚醚磺基琥珀酸酯二钠2～4，双丙甘醇2～6，吡咯烷酮羟酸钠0.4～0.6，防腐剂0.1～0.2，水加至100。

所述防腐剂由下述组分按质量份组成：茶多酚10～20份，山梨酸钾10～20份，丙酸钙10～20份，丁基氨基甲酸碘代丙炔酯5～10份。将茶多酚、山梨酸钾、丙酸钙和丁基氨基甲酸碘代丙炔酯搅拌混合均匀，即可制成混合防腐剂。

产品应用 本品是一种洗发香波。

产品特性 本产品泡沫丰富。本产品选用茶多酚、山梨酸钾、丙酸钙和丁基氨基甲酸碘代丙炔酯的配伍制成的防腐剂，具有很好的协同增效的抑杀效果和安全性能。

配方27 小麦蛋白洗发香波

原料配比

原料	配比(质量份)			
	1#	2#	3#	4#
月桂基聚氧乙烯醚硫酸铵	10	10	10	10
月桂酰两性基二丙酸二钠	3	3	3	3
丙二醇	4	4	4	4

续表

原料		配比(质量份)			
		1#	2#	3#	4#
水解小麦蛋白		0.5	0.5	0.5	0.5
防腐剂		0.2	0.2	0.2	0.2
水		加至100	加至100	加至100	加至100
防腐剂	茶多酚	10	—	10	20
	山梨酸钾	10	20	—	10
	丙酸钙	10	10	20	—
	丁基氨基甲酸碘代丙炔酯	10	10	10	10

制备方法 取适量的水，加热至80～90℃，在搅拌过程中，按所述比例加入月桂基聚氧乙烯醚硫酸铵和月桂酰两性基二丙酸二钠，搅拌均匀后，降低温度至50～60℃，加入丙二醇、水解小麦蛋白和混合防腐剂，搅拌1.5h后，冷却至室温，得到小麦蛋白洗发香波。

原料配伍 本品各组分质量份配比范围为：月桂基聚氧乙烯醚硫酸铵8～12，月桂酰两性基二丙酸二钠2～4，丙二醇2～6，水解小麦蛋白0.4～0.6，防腐剂0.1～0.2，水加至100。

所述防腐剂由下述组分按质量份组成：茶多酚10～20份，山梨酸钾10～20份，丙酸钙10～20份，丁基氨基甲酸碘代丙炔酯5～10份。将茶多酚、山梨酸钾、丙酸钙和丁基氨基甲酸碘代丙炔酯搅拌混合均匀，即可制成混合防腐剂。

产品应用 本品是一种小麦蛋白洗发香波。

产品特性 本产品泡沫丰富，并能修护受损发质，增强头发韧性。本产品选用茶多酚、山梨酸钾、丙酸钙和丁基氨基甲酸碘代丙炔酯的配伍制成的防腐剂，具有很好的协同增效的抑杀效果和安全性能。

配方28 椰油乳液香波

原料配比

原料	配比(质量份)			
	1#	2#	3#	4#
十二烷基硫酸钠	50	60	50	60
硬脂酸	1	2	2	1
硬脂酸镁	1	3	1	3
氯化铵	1	3	3	1

续表

原料	配比(质量份)			
	1#	2#	3#	4#
椰子油聚乙二醇	30	38	30	38
聚乙二醇单硬脂酸酯	3	10	10	3
水	380	420	420	400
香料	1～2	1～2	1～2	1～2

制备方法 将全部物料混合，在60～80℃下搅拌60～90min，即得产品。

原料配伍 本品各组分质量份配比范围为：十二烷基硫酸钠50～60，硬脂酸1～2，硬脂酸镁1～3，氯化铵1～3，椰子油聚乙二醇30～38，聚乙二醇单硬脂酸酯3～10，水380～420，香料1～2。

产品应用 本品是一种椰油乳液香波。

产品特性 本产品具有配方科学、合理，防止脱发、柔顺营养、防止分岔，气味好，容易漂沫等优点。

配方29 易起泡香波

原料配比

原料	配比(质量份)		
	1#	2#	3#
松叶防风叶	2	4	3
独叶一枝花	2	4	3
野扁豆	2	4	3
白术	2	4	3
十二烷基醇醚硫酸钠	10	15	20
椰子油酸二乙醇酰胺	4	3	2
柠檬酸	0.05	0.08	0.1
苯甲酸钠	3	2	1
水	适量	适量	适量

制备方法 取松叶防风叶、独叶一枝花、野扁豆、白术，加水煎煮两次，第一次加水为药材质量的8～12倍量，煎煮1～2h，第二次加水为药材质量的6～10倍量，煎煮1～2h合并煎液，浓缩至松叶防风叶、独叶一枝花、野扁豆、白术总质量的10倍量，加入十二烷基醇醚硫酸钠、椰子油酸二乙醇酰胺、柠檬酸、苯甲酸钠，70～80℃熔融，即得。

原料配伍 本品各组分质量份配比范围为：十二烷基醇醚硫酸钠10～20，椰子油酸二乙醇酰胺2～4，柠檬酸0.05～0.1，苯甲酸钠1～3，松叶防风叶

2～4，独叶一枝花 2～4，野扁豆 2～4，白术 2～4，水适量。

产品应用 本品是一种易起泡香波。

产品特性 本产品中松叶防风叶疏风、清热，独叶一枝花滋阴润肺，野扁豆清热，三者为君药，配伍白术，白术补气行气，共同达到易起泡和去屑止痒效果。

配方 30 营养去屑多功能洗发香波

原料配比

原料	配比(质量份)	原料	配比(质量份)
水杨酸	1	芦荟提取液	28
甘油	3	氯化钠	适量
去离子水	52	防腐剂	适量
脂肪醇聚氧乙烯醚硫酸钠(AES)	10	香精	适量
椰油酰胺丙基甜菜碱(KY-CAB-35)	3	色素	适量
椰子油脂肪酸二乙醇酰胺(6501)	3		

制备方法 将水杨酸置于 A 容器中，加入甘油，70℃去离子水，然后加入芦荟提取液均匀搅拌，置于 70℃水浴锅中搅拌至水杨酸全部溶解。在 B 容器中加入脂肪醇聚氧乙烯醚硫酸钠（AES）、椰油酰胺丙基甜菜碱（KY-CAB-35）、椰子油脂肪酸二乙醇酰胺（6501），加热混匀，把 A 中溶解的水杨酸溶液缓缓加入到 B 中，搅拌下恒温水浴（70℃）直至 B 中的（油相成分）成分全部溶解，溶解后的溶液加入氯化钠、少量防腐剂、香精、色素搅拌均匀后，静止冷却，得到产品。

原料配伍 本品各组分质量份配比为：水杨酸 1，甘油 3，去离子水 52，脂肪醇聚氧乙烯醚硫酸钠（AES）10，椰油酰胺丙基甜菜碱（KY-CAB-35）3，椰子油脂肪酸二乙醇酰胺（6501）3，芦荟提取液 28，氯化钠、防腐剂、香精、色素适量。

产品应用 本品主要用作洗发香波。

产品特性 本产品是兼顾洗发护发的多功能香波，配置中加入的新鲜芦荟全叶汁含有超氧化物歧化酶（SOD）和多聚糖等，能提高人体生理机能，促进人体健康，改善免疫，预防衰老等效果。本品不仅具有一般的清洗功效，而且具有去屑、改善发质、消除静电等多重功效。

配方 31 用于干性头发的洗发香波

原料配比

原料	配比(质量份)		
	1#	2#	3#
琥珀酸酯1303	4	3	5
羊毛脂	4	3	5
聚乙二醇硬脂酸酯	5	4	6
氧化胺	3	2	4
氯化钠	4	3	5
椰油酸单乙醇酰胺	6	5	7
凡士林	7	6	8
乙二胺四乙酸	4	3	5
布罗波尔	3	2	4
丁基羟基茴香醚	3	2	4
香精	0.3	0.1	0.5
色素	0.2	0.1	0.3
去离子水	60	50	70

制备方法

(1) 按质量份称取各原料并分开单独放置，其中去离子水按质量平分后分二份单独放置。

(2) 将步骤 (1) 称得的琥珀酸酯1303、羊毛脂、丁基羟基茴香醚、聚乙二醇硬脂酸酯及一半质量的去离子水进行混合并均匀搅拌得到第一混合液。

(3) 将步骤 (1) 称得的氧化胺、氯化钠、椰油酸单乙醇酰胺、乙二胺四乙酸、布罗波尔及另一半质量的去离子水进行混合并搅拌均匀得到第二混合液。

(4) 将第一混合液、第二混合液及步骤 (1) 中称量得到的凡士林、香精、色素混合并搅拌均匀并灭菌及定量包装得到用于干性头发的洗发香波成品。

原料配伍 本品各组分质量份配比范围为：琥珀酸酯1303 3～5，羊毛脂3～5，聚乙二醇硬脂酸脂4～6，氧化胺2～4，氯化钠3～5，椰油酸单乙醇酰胺5～7，凡士林6～8，乙二胺四乙酸3～5，布罗波尔2～4，丁基羟基茴香醚2～4，香精0.1～0.5，色素0.1～0.3，去离子水50～70。

所述香精为玫瑰香精或桃花香精或茉莉香精或梨花香精或苹果香精。

所述色素的颜色为蓝色或绿色。

产品应用 本品主要用于干性头发的洗发香波。

使用方法：理完发后，先将理发者的头发在20～30℃的温水中清洗，充分湿润后，取20g左右本洗发香波，均匀涂覆在头发上，并保持5～10min，然后用20～30℃的温水清洗几次，直至手感觉到头发上无残留洗发香波为止，用吹风机吹干即可。

产品特性 本产品适合干性头发的清洗，断发与脱发的概率大大减少，使用效果明显，各原材料易购、制作方法简单。本产品中的成分组合，使得干性头发在使用后，头发在较长时间内保持一定的湿润性能，使开叉现象得到明显缓解。

配方 32 用于油性头发的洗发香波

原料配比

原料	配比(质量份)			
	1#	2#	3#	4#
吐温-20	23	25	20	24
乙二醇双硬脂酸酯	2	3	1	3
丙二醇	4	5	3	5
聚乙烯醇	4	5	3	4
三乙醇胺	3	4	2	4
水杨酸	6	8	5	7
果酸	5	6	4	5
乙二胺四乙酸	4	5	3	5
高岭土	15	20	10	18
尼泊金甲酯	0.2	0.3	0.1	0.3
2,6-二叔丁基-4-甲基苯酚	0.7	0.8	0.6	0.6
香精	0.3	0.5	0.1	0.4
色素	0.2	0.3	0.1	0.3
去离子水	40	50	30	45

制备方法

(1) 按质量份称取各原料并分开单独放置，其中去离子水按质量平分后分二份单独放置。

(2) 将步骤 (1) 称得的吐温-20、乙二醇双硬脂酸酯、丙二醇、聚乙烯醇、三乙醇胺及一半质量的去离子水进行混合并均匀搅拌得到第一混合液。

(3) 将步骤 (1) 称得的水杨酸、果酸、乙二胺四乙酸、高岭土、尼泊金甲酯、2,6-二叔丁基-4-甲基苯酚及另一半质量的去离子水进行混合并搅拌均匀得到第二混合液。

(4) 将第一混合液、第二混合液及步骤 (1) 中称量得到的香精、色素混合并搅拌均匀并灭菌及定量包装得到用于油性头发的洗发香波成品。

原料配伍 本品各组分质量份配比范围为：吐温-20 20～25，乙二醇双硬脂酸酯 1～3，丙二醇 3～5，聚乙烯醇 3～5，三乙醇胺 2～4，水杨酸 5～8，果酸 4～6，乙二胺四乙酸 3～5，高岭土 10～20，尼泊金甲酯 0.1～0.3，2,6-二叔丁基-4-甲基苯酚 0.6～0.8，香精 0.1～0.5，色素 0.1～0.3，去离子水 30～50。

所述香精为玫瑰香精或桃花香精或茉莉香精或梨花香精或苹果香精或薰衣草香精或草莓香精。

所述色素的颜色为蓝色或绿色。

所述洗发香波呈液体膏状。

所述高岭土的最大颗粒为 200 目。

产品应用 本品主要用于油性头发的洗发香波。

产品特性 本产品更适合油性头发，洗发周期的延长节约了时间，洗发用品及用品耗用量明显减少，节省了成本同时减少了对于环境的污染；洗发频次减少，对于头发的生命周期更加有利；本产品制作方法简单易掌握、原料易购、成本低。

配方 33 丝滑洗发香波

原料配比

原料		配比(质量份)			
		1#	2#	3#	4#
月桂基聚氧乙烯醚硫酸铵		10	10	10	10
野杏油酰氨基丙基甜菜碱		3	3	3	3
丙二醇		4	4	4	4
月桂酰赖氨酸		0.5	0.5	0.5	0.5
防腐剂		0.2	0.2	0.2	0.2
水		加至 100	加至 100	加至 100	加至 100
防腐剂	茶多酚	10	—	10	20
	山梨酸钾	10	20	—	10
	丙酸钙	10	10	20	—
	丁基氨基甲酸碘代丙炔酯	10	10	10	10

制备方法 取适量的水，加热至 80～90℃，在搅拌过程中，按所述比例加入月桂基聚氧乙烯醚硫酸铵和野杏油酰氨基丙基甜菜碱，搅拌均匀后，降低温度至 50～60℃，加入丙二醇、月桂酰赖氨酸和混合防腐剂，搅拌 1.5h 后，冷却至室温，得到月桂酰赖氨酸丝滑洗发香波。

原料配伍 本品各组分质量份配比范围为：月桂基聚氧乙烯醚硫酸铵 8～

12，野杏油酰氨基丙基甜菜碱 2～4，丙二醇 2～6，月桂酰赖氨酸 0.4～0.6，防腐剂 0.1～0.2，水加至 100。

所述防腐剂由下述组分按质量份组成：茶多酚 10～20 份，山梨酸钾 10～20 份，丙酸钙 10～20 份，丁基氨基甲酸碘代丙炔酯 5～10 份。将茶多酚、山梨酸钾、丙酸钙和丁基氨基甲酸碘代丙炔酯搅拌混合均匀，即可制成混合防腐剂。

产品应用 本品是一种月桂酰赖氨酸丝滑洗发香波。

产品特性 本产品泡沫丰富，增加头发光泽，滑爽细腻、柔软如丝。选用茶多酚、山梨酸钾、丙酸钙和丁基氨基甲酸碘代丙炔酯的配伍制成的防腐剂，具有很好的协同增效的抑杀效果和安全性能。

第六章
护发素

Chapter 06

目前，人们日益重视头发的清洁，一般在洗发后会相应使用护发素，二者配合使用，甚至有些产品是洗护合一的，所以，本书中将护发素的相关内容收入其中。

第一节　护发素配方设计原则

一、 护发素的特点

护发用品的作用是使头发保持柔顺、自然、健康和美观，能赋予头发光泽、柔软和生气，更好地保护和促进头发的健康。护发用品具有以下特点。

（1）能赋予头发光泽、滑爽。

（2）能改善干梳和湿梳性能，使头发不会缠绕。

（3）具有抗静电作用，使头发不会飘拂。

（4）pH 值与头发的 pH 值相近，不刺激头发及头皮。

（5）能保护头发表面，增加头发的体感。

（6）能提供头发营养，使头发保持健康、天然和美观。

除以上的这些基本要求外根据不同的需要还有一些专门的功能如修复受损的头发、润湿头发、抑制头屑或皮脂分泌等。并且着重于改善头发的营养、头发的养护、毛囊的养护问题。

二、 护发素的分类及配方设计

1. 护发素的分类

市场上护发用品的名称及种类繁多，可按不同的功能、不同的原料使用和不同的使用方法进行分类。

按不同的功能效果分为：正常头发用护发素、干性头发用护发素、受损头发用护发素、头屑性头发用护发素、防晒护发素、烫发用护发素及染发护发素等。从主要原料的使用来看，护发用品可分为普通型护发素、天然护发素、功能性护发素。

按照使用方法可分为：用后需冲洗干净的护发素、用后不需冲洗干净的护发素和焗油型护发素。一般的护发素用后需冲洗干净；不需冲洗的护发素多数为喷剂或凝胶型；焗油型护发素使用后需焗油20～30min，对头发进行特别的护理，常在发廊进行。但是，随着原料技术的发展，很多强渗透性、高效的护发原料可以在短时间内达到很好的护理效果，于是市场上就出现了“一分钟焗油”等家庭使用的焗油护发素。

2. 护发素的配方设计

护发素配方中起主要作用的成分是阳离子调理物、矿物油脂、动植物油脂、有机硅化合物、水溶性聚合物及天然、活性、具有疗效的特殊成分。

(1) 阳离子调理聚合物（季铵盐） 阳离子调理聚合物提供给头发优良的滑溜性、润滑性及干湿梳性、卓越的消缠结性。一般情况下，季铵盐的链长越长，数目越多，抗缠绕性、湿梳性能和干梳性能越好，但水溶性就越差，而且很容易造成积聚或过分调理的问题。

常用的季铵盐有十六烷基三甲基氯化铵、双十六烷基二甲基氯化铵、硬脂基三甲基氯化铵、甲基-1-牛油脂基酰胺乙基-2-牛油脂基咪唑啉硫酸甲酯盐（聚季铵盐-27）、双十三烷基二甲基氯化铵、乙氧基化双C_{12}～C_{18}烷基氯化铵、二甲基二丙烯氯化铵（聚季铵盐-6，7，22，39）、甲基丙烯酰胺丙基三甲基氯化铵（聚季铵盐-47）等。

(2) 矿物油脂 一般的矿物油脂皆为非极性、沸点在300℃以上的高碳烃，以直链饱和烃为主要成分。它们来源丰富，易精制，是化妆品价廉物美的原料。对氧和热的稳定性高，不易腐败和酸败，油性也较高，是化妆品工业的重要原料。在护发素中最常用的矿物油脂是液体石蜡，它能赋予头发很好的光泽，是护发用品的重要光泽剂。

(3) 动植物油脂 动、植物油脂具有各种性质，应用于护发素时能赋予头发柔软润滑、光泽的特性；防止外部有害物质的侵入和防御来自自然界因素的侵蚀；抑制水分的蒸发防止头发干燥；较强的渗透性；作为特殊成分的溶剂，促进药物或有效成分的吸收；某些油脂还具有特殊的功效作用（如茶籽油杀菌、止痒；鳄梨油和鲨鱼肝油能防止过度日照；水貂油可促进毛发生长；马脂赋予毛发营养）等。

常用的动、植物油脂包括蓖麻油、橄榄油、棕榈油、茶籽油、鳄梨油、坚果油、霍霍巴油、水貂油、鲨鱼肝油、羊毛脂、马脂、蜂蜡等。

(4) 合成油脂 合成油脂一般是从各种天然油脂或原料加工合成的改性油脂，这些合成油脂不仅组成与原料油脂相似，保持其优点并通过改性赋予其新的特性，而且它们具有性质稳定、使用安全无色、无臭、与其他成分匹配性良好、功能突出等优点，因此逐渐代替天然油脂和精制的矿物油脂。其中护发素配方中常用的合成油脂有改性貂油、乙酰化羊毛脂、氢化羊毛脂、羊毛酸异丙酯、胆甾醇、棕榈酸异丙酯等。

(5) 有机硅化合物　有机硅化合物的作用与优点是润滑性能好但又没有任何的黏性和油腻的感觉，光泽性好；用后能在毛发上形成一层均匀的能防止水分散失的保护膜；赋予头发柔软、滑爽和丝绒般感觉；抗紫外线辐射的性能好，它在紫外线下不会因氧化变质而引起对皮肤的刺激作用；具有抗氧化作用；抗静电性能好；透气性能优异；低表面张力；卓越的柔和性；生物相容性好；稳定性高；无毒无臭、无味、安全性高、无环境污染。

常用的有机硅化合物包括：聚二甲基硅氧烷、聚甲基苯基硅氧烷、环状甲基硅氧烷、聚醚聚二甲基硅氧烷共聚物（水溶性硅油）、聚氨基甲基硅氧烷、阳离子改性硅氧烷、有机硅弹性体。

(6) 水溶性聚合物　用于头发调理作用的水溶性聚合物具有优良的滋润、保湿、修复、丰满等作用。常用的有水解胶原蛋白、角蛋白、小麦蛋白、瓜尔豆胶、透明质酸、聚乙二醇等。

(7) 天然、活性疗效的特殊成分　随着科学技术的发展和进步，消费者对化妆品的作用在观念上发生了很大的变化，更加着重于化妆品的天然、生理和卫生方面。美容生物学及美容医学已成为近年来发展最快的领域之一，疗效化妆品和添加特殊成分的化妆品获得了飞速发展。

目前用于护发素配方中使用量较大、较安全和稳定的品种有：维生素 E、维生素 B_5、卵磷脂脂质体、天然植物提取物、啤酒花、首乌、皂角、黑芝麻、人参等植物提取物、生物工程制剂，神经酰胺（NMF）、酶的复合物、甘宝素、尿囊素、防晒活性剂等。

3. 护发素生产工艺

护发素的制造工艺主要是分别将油相和水相加热（若有其他相也同时加热）然后混合，进行乳化，冷却后即可制得成品。

第二节　护发素配方实例

配方 1　保湿护发素

原料配比

原料	配比(质量份)	
	1#	2#
小麦胚芽油	5	10
聚甘油	5	5
二甲基硅油	1	5

续表

原料	配比(质量份)	
	1#	2#
甘油	3	1
薰衣草精油	2	2
天竺葵精油	2	2
依兰精油	2	2
荷荷巴油	2	1
山梨醇	2	6
吐温	41	43
硬脂酰胺丙基甜菜碱	8	8
皂角	10	5
水	加至100	加至100

制备方法 将各组分原料混合均匀即可。

原料配伍 本品各组分质量份配比范围为：小麦胚芽油5～10，聚甘油1～5，二甲基硅油1～5，甘油1～3，薰衣草精油1～3，天竺葵精油1～3，依兰精油1～3，荷荷巴油1～3，山梨醇2～6，吐温41～43，硬脂酰胺丙基甜菜碱2～8，皂角5～10，水加至100。

产品应用 本品是一种保湿护发素。

产品特性 本品能够使干性发质顺滑、滋润不干燥，减少头发的水分流失，有效改善干性发质容易打结、缠绕、难以梳理的问题。

配方2 蚕丝蛋白护发素

原料配比

原料	配比(质量份)				
	1#	2#	3#	4#	5#
蚕丝蛋白水解物	1	5	2	4	3
甘油	3	8	5	7	6
维生素E	0.5	1	0.6	0.9	0.7
月桂基三甲基氯化铵	0.5	1	0.6	0.9	0.8
十六醇	1	5	2	4	3
羟丙基纤维素	0.5	1	0.6	0.9	0.7
D-泛醇	0.1	0.5	0.2	0.4	0.3
环己硅氧烷	1	5	2	4	3
尼泊金丙酯	0.1	0.5	0.2	0.4	0.3

续表

原料	配比(质量份)				
	1#	2#	3#	4#	5#
甲基异噻唑啉酮	0.1	0.5	0.2	0.4	0.3
硬脂酸甘油三酯	0.8	3	1	2	1.5
异鲸蜡醇聚醚-20	1	5	2	4	3
去离子水	加至100	加至100	加至100	加至100	加至100

制备方法

(1) 按配方称取原料。

(2) 将去离子水、甘油、羟丙基纤维素、蚕丝蛋白水解物和月桂基三甲基氯化铵在水相锅中加热至60～80℃，搅拌均匀，抽入真空乳化锅中。

(3) 将十六醇、D-泛醇、环己硅氧烷、尼泊金丙酯、硬脂酸甘油三酯和异鲸蜡醇聚醚-20加入油相锅中加热至60～80℃，搅拌均匀，抽入真空乳化锅中。

(4) 启动真空装置，在真空状态下均质5～10min，搅拌下降温。

(5) 真空乳化锅降温至40～50℃时加入维生素E和甲基异噻唑啉酮，搅拌均匀。

(6) 继续冷却至室温，出料。

原料配伍 本品各组分质量份配比范围为：蚕丝蛋白1～5，甘油3～8，维生素E 0.5～1，月桂基三甲基氯化铵0.5～1，十六醇1～5，羟丙基纤维素0.5～1，D-泛醇0.1～0.5，环己硅氧烷1～5，尼泊金丙酯0.1～0.5，甲基异噻唑啉酮0.1～0.5，硬脂酸甘油三酯0.8～3，异鲸蜡醇聚醚-20 1～5，去离子水加至100。

所述蚕丝蛋白水解物的制备方法为：将蚕丝从蚕茧中抽出后，浸没于80～90℃水中，加氢氧化钠调节pH值至10～11，搅拌1～3h，滤去不溶物后冷却至室温，即得。

产品应用 本品是一种蚕丝蛋白护发素。

产品特性 蚕丝蛋白和D-泛醇能够滋养头皮和头发，有助于修复受损发质，增强头发弹性。通过环己硅氧烷的成膜包裹，可以使受损发质得到较好的修复护理。能长期使用，既可以作干性、受损头发的护理之用，也可以作为日常护理之用。使用后，头发柔顺、光滑、有光泽、头不痒。

配方3 多功能护发素

原料配比

原料	配比(质量份)		
	1#	2#	3#
芦荟提取物	8	12	10
何首乌提取物	5	10	8
蛋白酶	1.5	1.5	1.2
薄荷提取物	1.2	2.6	2.1
单硬脂酸甘油酯	0.2	0.2	0.9
乳酸	0.5	2.5	1.9
氨基酸保湿剂	3	3	5
椰油酸二乙醇酰胺	0.5	1.2	0.9
甘油	0.2	0.2	1.2
表面活性剂	0.5	1.3	0.9
山梨酸	2	8	6
去离子水	35	50	45

制备方法 将各组分原料混合均匀即可。

原料配伍 本品各组分质量份配比范围为：芦荟提取物8～12，何首乌提取物5～10，蛋白酶0.5～1.5，薄荷提取物1.2～2.6，单硬脂酸甘油酯0.2～1.8，乳酸0.5～2.5，氨基酸保湿剂3～8，椰油酸二乙醇酰胺0.5～1.2，甘油0.2～1.8，表面活性剂0.5～1.3，山梨酸2～8，去离子水35～50。

产品应用 本品是一种多功能护发素。

产品特性 该护发素采用天然植物提取液作为有效成分，使用时安全无刺激；且香味品质高，清洗自然，用后持久留香；可以有效保持头发水分，减少静电，增加头发光泽。

配方4 二硫化硒去屑护发素

原料配比

原料	配比(质量份)	原料	配比(质量份)
二硫化硒复合超微粉体	2.0	脱乙酰壳聚糖	0.3
羊毛脂	1.0	10%(质量)甲酸	0.7
十六醇	2.0	十二烷基二甲氧化胺(OB-2)	2.0
十八醇	2.0	水溶性香精	0.2
凡士林	1.5	去离子水	加至100

制备方法

(1) 将羊毛脂、十六醇、十八醇和凡士林混合，加热至100℃，保温10～20min，冷却至65～70℃，得到油相，同时将脱乙酰壳聚糖、10%甲酸、十二烷基二甲氧化胺、香精和去离子水混合，加热至100℃，保温10～20min，冷却至65～70℃，得到水相。

（2）先将水相放入均质反应罐，开启刮板搅拌器，转速为10～60r/min，然后将油相缓慢加入水相中，继续搅拌5min后，关闭刮板搅拌器。开启均质开关（均质条件为：真空度为－0.09MPa、转速为2800r/min），进行均质乳化30～40min。

（3）然后降温至35～40℃，开启均质反应罐中的刮板搅拌器，刮板搅拌器的转速控制在10～60r/min，加入二硫化硒复合超微粉体，继续搅拌20min，即得到二硫化硒去屑护发素。

原料配伍 本品各组分质量份配比范围为：二硫化硒复合超微粉体1.5～2.5，羊毛脂0.5～1.5，十六醇1.5～2.5，十八醇1.5～2.5，凡士林1.0～2.0，脱乙酰壳聚糖0.2～0.5，10%甲酸水溶液0.5～1.0，十二烷基二甲氧化胺（OB-2）1.5～2.5，水溶性香精0.2～0.5，去离子水加至100。

所述二硫化硒复合超微粉粒径为1～50μm。

所述二硫化硒复合超微粉体是由二硫化硒干粉、去离子水、医药级钛白粉和医药级甘油按1∶1∶2∶3的质量比制成的；具体是由如下操作制备的：将二硫化硒干粉、去离子水、医药级钛白粉和医药级甘油混合均匀，然后加入枸橼酸调节pH值在3.5～4.5；之后将其置于碾磨式超微粉碎机内，在功率1.5kW、主轴转速1500r/min进行碾磨粉碎30～60min，即得到了二硫化硒超微粉体。

产品应用 本品是一种二硫化硒去屑护发素。

产品特性

（1）本产品的二硫化硒去屑护发素，使用二硫化硒成为超微粉体或介质球磨微粉体，都能达到主药二硫化硒药粉在辅料基质中分散均一性和悬浮稳定性，提高产品的药效功能，降低因药物的不均匀，药物局部聚集产生的毛发损伤的不良反应；在发挥去屑药效同时，降低二硫化硒不良反应，同时护理好毛发，解决原产品洗剂头发粘连、不易梳理的缺陷。

（2）本产品以二硫化硒复合超微粉体（或介质球磨微粉体）为主药物，含二硫化硒1.5%～2.5%；辅料配以护发素为基质，按常规生产工艺制备而成的二硫化硒去屑护发素。

（3）本产品解决了二硫化硒洗剂使用后不易洗净、容易损伤头发、头发粘连不易梳理的缺点；并且降低二硫化硒不良反应，提高安全用药；因为护发素的使用方法与洗剂的使用方法相同，因此，二硫化硒去屑护发素在发挥护发素的护发、养发易梳理功能的同时，也充分发挥了二硫化硒药物的去屑、抗真菌、抗头皮脂溢性皮炎的治疗作用。

（4）采用现代超微粉机械技术，用湿法碾磨方法，设定超微粉机械微粉颗粒为1～20μm，最终得到的二硫化硒复合超微粉体是一种可以替代传统介质球磨二硫化硒复合微粉体，可以添加到二硫化硒洗剂的基质中。该产品提高了二硫化硒洗剂的内在质量；复合超微粉体粒径（1～50μm）为传统球磨微粉体粒径（50～200μm）的1%左右；在洗剂基质中的分散均一性、稳定性比球磨微粉体更好；与原工艺相比，简化了工艺，缩短了生产时间，提高了生产效率，也降低了生产成本，易应用于产业化。

（5）本产品制备的二硫化硒去屑护发素，应用了现代温和的护发素基质配方，选用二硫化硒超微粉体，不仅解决了二硫化硒颗粒分散不均一性、稳定性差的技术问题，更是解决了头发粘连、不易梳理的缺点，真正地发挥二硫化硒去屑和护发素护发、养发的双重功效。二硫化硒洗剂把辅料改变成护发素剂，其去屑、护发、抗真菌和治疗脂溢性皮炎的功效能发挥到最佳状态，而且本产品刺激性小，头发易梳理、柔顺有光泽，更可以被广大需要去屑、护发的消费者接受和青睐。

配方5　防脱护发素

原料配比

原料	配比(质量份)				
	1#	2#	3#	4#	5#
老姜	8	15	10	12	11
三七	9	3	7	5	6
杏仁	4	8	6	8	7
干贝	15	6	13	9	11
桂枝	3	7	4	6	5
黑芝麻	12	5	10	7	8
川穹	1	6	3	5	4
枸杞	5	2	4	3	3
石菖蒲	2	4	2	3	2
川牛膝	3	1	3	2	3
麻油	3	6	4	5	4
水	600	200	500	300	400
十六烷基三甲基溴化铵	2	4	3	2	2
氨基酸	1	2	2	1	1
香精	0.1	0.3	0.3	0.1	0.2

制备方法

（1）用清水洗净所有中药材。

（2）将所有中药材首先分别进行机械破碎，破碎后，再进行红外加热干燥，红外加热干燥后分别将上述烘干的中药材进行研磨，滤网过滤后再分别取老姜 8～15 份、三七 3～9 份、杏仁 4～8 份、干贝 6～15 份、桂枝 3～7 份、黑芝麻 5～12 份、川穹 1～6 份、枸杞 2～5 份、石菖蒲 2～4 份、川牛膝 1～3 份和麻油 3～6 份，混合后为 A 粉；所述的滤网粒径为 100 目，红外加热干燥时的烘干温度为 60℃，烘干时间为 1h。

（3）向步骤（2）中所述的 A 粉中加入水 200～600 份，密闭加热；所述的密闭加热是加热温度为 75℃，时间为 3h 的回流加热。

（4）将步骤（3）中得到的混合物过滤后得到的药液依次加入阳离子表面活性剂 2～3 份，加热搅拌，冷却至室温后再加入氨基酸 1～2 份和香精 0.1～0.3 份，继续加热搅拌后冷却得到防脱护发素。所述的加入阳离子表面活性剂后加热搅拌的温度为 65℃，时间为 1h。所述的加入氨基酸和香精后加热搅拌时的温度为 55℃，时间为 2h。

原料配伍 本品各组分质量份配比范围为：老姜 8～15，三七 3～9，杏仁 4～8，干贝 6～15，桂枝 3～7，黑芝麻 5～12，川穹 1～6，枸杞 2～5，阳离子表面活性剂 2～4，氨基酸 1～2，香精 0.1～0.5 和水 200～600，石菖蒲 2～4，川牛膝 1～3 和麻油 3～6。

所述的阳离子表面活性剂为十二烷基三甲基溴化铵和十六烷基三甲基溴化铵中的一种。

产品应用 本品是一种防脱护发素。

产品特性 本品具有良好的防脱效果，且护发素中加入中药成分，可收到活血化瘀、活化肌肤、修复毛囊等效果，也保护了大脑的生理健康。

配方 6 复合天然顺滑护发素

原料配比

原料		配比(质量份)		
		1#	2#	3#
浆状物		50	40	45
处理豆粕颗粒		42	36	40
稻糠		28	24	25
鸡蛋黄		14	12	13
蜂胶		18	16	17
浆状物	茶麸	1	1	1
	13%双氧水	3	2	3
	无水乙醇(占双氧水体积)/%	35	30	32
	柳树叶(占茶麸质量)/%	25	20	22
瓜尔胶		8	6	7

制备方法

(1) 按固液比1∶(2～3)，将茶麸和质量分数为13%的双氧水放入容器中，对容器进行加热，加热至40～50℃，以170r/min搅拌15～20min后，停止加热，静置4～8min，去除悬浮于液体表面的杂质后，分别向容器中加入双氧水体积30%～35%的无水乙醇和茶麸质量20%～25%的柳树叶，搅拌均匀，将混合物放入碾磨机中碾磨成浆状，将浆状物放置于10～15℃下储存，备用。

(2) 取豆粕放入反应釜中，向反应釜中加入去离子水，使豆粕的含水量为50%～70%，升温至115～120℃，压力升至0.2～0.4MPa，以230r/min搅拌30～40min后进行出料，并对出料物进行减压过滤，收集过滤物放入风干机中进行风干，再放入粉碎机中进行粉碎，过200目筛，得到处理后的豆粕颗粒。

(3) 按质量份计，取40～50份步骤(1)所得的浆状物、36～42份上述处理后的豆粕颗粒、24～28份稻糠、12～14份鸡蛋黄及16～18份蜂胶，搅拌均匀，使用质量分数为10%盐酸溶液调节pH值至5.0～5.5，得发酵基质，按质量比2∶1，取新鲜猪苓和虫屎茶放入粉碎机进行粉碎，过200目筛，将所得的颗粒与发酵基质按质量比1∶(4～6)混合均匀并放入发酵罐中。

(4) 设定上述发酵罐温度为17～18℃，转速为140～150r/min，以通气量0.6～0.9V/(V·min)向发酵罐内通入混合气，发酵2～3d后升温至28～34℃，继续发酵1～2d，随后将发酵罐中的发酵混合物与去离子水按质量1∶2，混合均匀，静置10～15min，所述混合气为氮气、氧气和氢气按体积比4∶2∶1混合而成。

(5) 在上述静置结束后使用2～4层纱布进行过滤，将所得的过滤液放入离心机中，在4500r/min下离心分离3～5min，收集上清液并与其质量6%～8%的瓜尔胶混合均匀，再倒入真空浓缩罐中浓缩至原体积的30%～40%，将浓缩液放置于紫外灯下杀菌消毒，即可得到复合天然顺滑护发素。

原料配伍 本品各组分质量份配比范围为：浆状物40～50，处理豆粕颗粒36～42，稻糠24～28，鸡蛋黄12～14，蜂胶16～18。

产品应用 本品是一种复合天然顺滑护发素。

应用方法：在使用护发素之前，先用毛巾吸干洗净后的头发上的水，再将上述制备的复合天然顺滑护发素涂抹于头发上，在涂抹护发素时应抹在头发中部或发梢，而非紧贴头皮的发根部，并且用梳子充分梳理头发，使护发素均匀分布，轻轻按摩后，用一条很热的毛巾包裹，再罩上浴帽，等待5～7min，冲洗干净即可，待头发干后，头发柔顺、不枯燥，且长期使用后，无头屑现象出现。

产品特性

(1) 本品制备的护发素避免了使用阳离子型表面活性剂，不会使头发油腻，使得头发柔顺，有光泽。

（2）长期使用上述制备的护发素后，无头屑现象出现。

（3）本品制备步骤简单，所需成本低。

配方 7 含硅油护发素

原料配比

原料	配比（质量份）			
	1#	2#	3#	4#
高分子阳离子调理乳化剂 H308	1.5	3.5	3	4
聚季铵盐-47	3.5	1	3	3.5
聚季铵盐-22	4.5	2	2.5	5.5
山梨醇	8	4	—	—
羟乙基纤维素	1	0.4	0.1	—
十六烷基三甲基氯化铵	1.5	3	5.5	7.5
十六/十八醇(20:80)	6.5	2.5	3	1.5
聚二甲基硅氧烷(1000cP，$1cP=10^{-3}Pa\cdot s$)	1	8	17	28
柠檬酸	适量	适量	适量	适量
DMDMH 防腐剂	适量	适量	适量	适量
去离子水	加至 100	加至 100	加至 100	加至 100

制备方法

（1）在乳化锅中加入一半的去离子水和纤维素，搅拌均匀后加入乳化剂，均质 1～3min，继续依次加入聚季铵盐、山梨醇、小分子阳离子表面活性剂，搅拌完全并升温至 80～85℃，得到 A 组分。

（2）在油相锅中加入脂肪醇、硅油，搅拌并升温至 75～85℃至溶解完全，得到 B 组分。

（3）在搅拌和 80～85℃的保温下，将 B 组分加入到 A 组分中，搅拌 5min 后，均质 20～30min，再搅拌 5～10min 后，加入剩余的去离子水，搅拌降温。

（4）待反应体系温度降至（45±1℃）时，加入防腐剂和 pH 值调节剂，搅拌均匀，使体系的 pH 值为 2.5～7。

（5）待反应体系温度降至 38～40℃时，放料，得到所需的含硅油护发素。

原料配伍 本品各组分质量份配比范围为：硅油 0.1～30，高分子乳化剂

0.5～4，聚季铵盐 0.5～10，小分子阳离子表面活性剂 0.1～8，脂肪醇 0.5～10、防腐剂 0.1～0.3，pH 调节剂 0.1～0.25。

所述乳化剂为甲基丙烯酰氧乙基三甲基氯化铵和丙烯酸二十二酯经反相乳液聚合制得的分子量在 1000～500 万的聚合物；调理剂包括聚季铵盐和小分子阳离子表面活性剂；增稠剂为脂肪醇；添加剂包括防腐剂、pH 值调节剂。

所述甲基丙烯酰氧乙基三甲基氯化铵和丙烯酸二十二酯聚合物优选汕头市大千高新科技研究中心有限公司出品的型号为 H308 的高分子阳离子调理乳化剂。

为了使护发素具有更好的保湿作用，上述添加剂还包括有山梨醇，山梨醇在护发素中的质量比为 0.5%～10.0%。

为了获得稠度更高的护发素，上述添加剂还包括有纤维素，纤维素在护发素中的质量比为 0.1%～2.0%。

所述纤维素优选羟丙基甲基纤维素、羟丙基乙基纤维素、羟丙基纤维素、羟乙基纤维素、羟乙基甲基纤维素、羟乙基乙基纤维素或羧甲基羟乙基纤维素中的一种或几种。

所述硅油优选聚二甲基硅氧烷、氨基硅油、苯基硅油或水溶性硅油中的一种或几种。

所述聚季铵盐优选聚季铵盐-7、聚季铵盐-10、聚季铵盐-20、聚季铵盐-28、聚季铵盐-35、聚季铵盐-37 或聚季铵盐-53 中的一种或几种。

所述小分子阳离子表面活性剂为二十二烷基三甲基氯化铵、十八烷基三甲基氯化铵、十六烷基三甲基氯化铵或十二烷基三甲基氯化铵中的一种或几种；增稠剂为脂肪醇。

所述脂肪醇优选十六醇、十八醇或十六十八混合醇。

所述 pH 值调节剂优选柠檬酸、三乙醇胺或氢氧化钠。

产品应用 本品主要应用于头发的洗涤护理用品，是一种能调理、修护、滋养头发的护发素。

产品特性

（1）本产品采用特定的高分子乳化剂对硅油进行乳化，该高分子乳化剂在水溶液体系中，以无序的线团形式存在，油相液滴被包裹其中，形成牢固的包裹体系，经过长时间的冷冻和恢复室温后，柔性的线团包裹仍能完好保存，保证含硅油的护发素具有很好的储存稳定性。另外，本产品采用聚季铵盐和小分子阳离子表面活性剂作为调理剂，能够很好地中和头发上的负电荷，让头发更加蓬松、柔顺。本产品的护发素配方合理，在低温储存过程中，膏体不变粗、不析水，不仅能很好地中和洗发水残留于头发上的负电荷，使缠结的头发顺服、易于梳理，而且能赋予头发光泽和柔顺的效果。

（2）本产品含硅油护发素的制备方法，根据各组分性质的不同，依次进行添加和分散，从而得到性状稳定的体系。本产品的制备方法，工艺简单，参数易于控制。

配方 8 含有首乌和人参成分的护发素

原料配比

原料	配比(质量份)			
	1#	2#	3#	4#
首乌	3	5	4	3.5
人参	4	6	5	4.5
月桂基两性甘氨酸钠	20	20	20	20
羟乙基纤维素醚季铵盐	15	15	15	15
十二烷基甜菜碱	6	6	6	6
咪唑啉甜菜碱	12	12	12	12
十八烷基酰胺丙基二甲基磺丙基甜菜碱	16	16	16	16
羟乙基纤维素	2	5	2	2
羊毛脂	0.3	2	1	1
珠光粉	0.05	0.1	0.08	0.08
天蚕素	0.03	3	1	1
椰子油二乙醇酰胺	0.5	1	0.8	0.8
柠檬酸	1	2	3	3
坚果油	1	3	2	2
橄榄油	1	2	2	2
凡士林	2	2	2	2
马油	1.3	1.3	1.3	1.3
去离子水	100	100	100	100

制备方法

（1）将月桂基两性甘氨酸钠、羟乙基纤维素醚季铵盐、十二烷基甜菜碱、咪唑啉甜菜碱和十八烷基酰胺丙基二甲基磺丙基甜菜碱溶于少量去离子水中，再加入首乌粉末和人参粉末，搅拌，得到悬浊液。

（2）在步骤（1）得到的溶液中加入羊毛脂、珠光粉和天蚕素后加热至80℃，同时搅拌均匀。

（3）在步骤（2）得到的溶液中加入其他成分，再加入剩余的去离子水后搅拌均匀，降温，待消泡降温后分装，得到所述护发素。

原料配伍 本品各组分质量份配比范围为：首乌3～5，人参4～6，月桂基两性甘氨酸钠20，羟乙基纤维素醚季铵盐15，十二烷基甜菜碱6，咪唑啉甜菜碱12，十八烷基酰胺丙基二甲基磺丙基甜菜碱16，羟乙基纤维素2～5，羊毛脂0.3～2，珠光粉0.05～0.1，天蚕素0.03～3，椰子油二乙醇酰胺0.5～1，柠檬酸1～10，坚果油1～3，橄榄油1～3，凡士林2，马油1.3，去离子水100；

产品应用 本品是一种含有首乌和人参成分的护发素。

产品特性 本产品通过护发素中的表面活性剂，月桂基两性甘氨酸钠、羟乙基纤维素醚季铵盐、十二烷基甜菜碱、咪唑啉甜菜碱和十八烷基酰胺丙基二甲基磺丙基甜菜碱的复配，达到最优的去油效果，并且与首乌和人参成分的复配能促进有效成分的溶解性及释放，能保证其在护发素使用时能更好地发挥作用。该护发素使用安全，天然无刺激，温和滋润，具有促进血液循环，使用后白发减少、头发光泽、不毛躁、营养充足的作用。

配方9 核桃草本护发素

原料配比

原料	配比(质量份)	原料	配比(质量份)
黄药	10～15	亚麻油酸和微量元素(核桃提取物)	30～50
何首乌	2～5	米酒	750～1000
生姜	1～3		

制备方法 按照质量配比将黄药、何首乌和生姜加入到米酒中进行浸泡，5～10天后，用纱布进行过滤，所得到的滤液为护发素产品。

原料配伍 本品各组分质量份配比范围为：黄药10～15，何首乌2～5，生姜1～3。亚麻油酸和微量元素30～50、米酒750～1000。

所述的植物提取物为核桃中的亚麻油酸和微量元素，其含量为30%～40%。

所述的核桃提取物占30%～40%，其他草本植物黄药占10%～15%，何首乌5%～10%和生姜3%～6%。

产品应用 本品主要用于维护头发生长，是一种富含亚麻油酸和钙、铁、磷等微量元素的核桃草本护发素。

产品特性 本产品采用天然草本中的黄药、何首乌、生姜，配上含有亚麻油酸和钙、铁、磷等微量元素的核桃仁作为原料，经米酒浸泡后制得的护发素产品无毒、无任何不良反应，长期使用本产品不仅能让头发乌黑光亮，还能有效激活毛囊所需的再生细胞和所需要的营养成分，改善皮下组织，使头发健康生长。

配方10 护发精华素

原料配比

原料	配比(质量份)	
	1#	2#
甘油	5	8
银杏叶提取物	5	8
去离子水	10	15
蛋白蜜	5	8
橄榄油	3	3
羊毛脂醇	1	2
小麦胚芽油	5	10
薄荷油	8	10

制备方法 将各组分原料混合均匀即可。

原料配伍 本品各组分质量份配比范围为：甘油5～10，银杏叶提取物5～10，去离子水10～20，蛋白蜜5～10，橄榄油3～5，羊毛脂醇1～2，小麦胚芽油5～10，薄荷油8～12。

产品应用 本品是一种护发精华素。

产品特性 本品使头发保持天然的均衡湿润，具有补充水分，使头发柔亮持久，锁住水分，减少静电并增加光泽的效果。

配方11 护发素

原料配比

原料	配比(质量份)		
	1#	2#	3#
肉豆蔻酸	4	6	5
吐温-60	6	8	7
阳离子瓜尔胶	6	8	7
乳化硅油	9	9	8
异硬脂酸癸酸	4	6	5
环戊硅氧烷	5	7	6
去离子水	150	200	200
十六烷基三甲基氯化铵	3	6	5
二羟甲基二甲基乙内酰脲	4	7	6

续表

原料		配比(质量份)		
		1#	2#	3#
植物提取物	枸杞子提取物	5	7	6
	黄金果提取物	7	7	8
	零陵香提取物	4	6	5
	生姜提取物	5	7	6
植物提取物		2	4	3
烟酰胺		3～8	6	5
D-泛醇		6	8	7
丁香酚		2	4	3
防腐剂		适量	适量	适量

制备方法

(1) 将肉豆蔻酸、吐温 60、阳离子瓜尔胶、乳化硅油、异硬脂酸癸酸和环戊硅氧烷加入去离子水中，加热至 80～85℃。

(2) 加入十六烷基三甲基氯化铵和二羟甲基二甲基乙内酰脲，搅拌 30～40min，降温至 60～70℃。

(3) 加入植物提取物、烟酰胺和 D-泛醇，搅拌 20～30min，降温至 40～50℃。

(4) 加入丁香酚 1～4 份和防腐剂适量，搅拌均匀，冷却即得。

原料配伍 本品各组分质量份配比范围为：肉豆蔻酸 3～6，吐温 60 5～10，阳离子瓜尔胶 4～9，乳化硅油 4～10，异硬脂酸癸酸 3～6，环戊硅氧烷 3～8，去离子水 150～200，十六烷基三甲基氯化铵 2～8，二羟甲基二甲基乙内酰脲 2～7，植物提取物 1～8，烟酰胺 3～8，D-泛醇 1～8，丁香酚 1～4，防腐剂适量。

所述植物提取物由枸杞子提取物 5～7 份，黄金果提取物 7～9 份，零陵香提取物 4～6 份和生姜提取物 5～7 份组成，优选由枸杞子提取物 4～8 份，黄金果提取物 6～10 份，零陵香提取物 4～6 份和生姜提取物 4～8 份组成，特别是由枸杞子提取物 6 份，黄金果提取物 8 份，零陵香提取物 5 份和生姜提取物 6 份组成的。

所述枸杞子提取物、黄金果提取物、零陵香提取物和生姜提取物可以通过本领域常用的水提和醇提方法进行提取。

所述枸杞子提取物可通过以下方法制备而成：将新鲜的枸杞果实置于具塞锥形瓶中，按料液比 1∶(8～15) 加入体积分数为 90%的乙醇，超声处理，放冷，于 4000r/min 离心，取上清液过滤，浓缩，干燥，即得。

所述黄金果提取物可通过以下方法制备而成：将黄金果切碎，超声波处理，然后将其置于80～90℃水中浸提2～3h，于3000r/min条件下离心20～30min，收集上清液，浓缩，用2倍量的95%的乙醇醇析，收集沉淀物，用无水乙醇洗涤后干燥，即得。

所述零陵香提取物可通过以下方法制备而成：将零陵香进行脱脂，用料液比1：（15～20）的60%的乙醇进行回流提取，收集提取液，减压蒸馏，干燥，即得。

产品应用 本品是一种护发素。

产品特性 本产品通过将枸杞子提取物、黄金果提取物、零陵香提取物和生姜提取物进行复配组合，产生了在渗透性、油腻性、弹性、柔顺性和光滑度方面非常优异的护发效果。

配方12 护发营养液

原料配比

原料	配比(质量份)					
	1#	2#	3#	4#	5#	6#
薄荷	40	20	35	25	30	28
蓖麻子油	10	30	25	15	22	18
霍霍巴籽油	50	80	55	70	65	60
檀香精油	30	50	35	45	42	40
杜松	10	20	12	18	16	15
胶原	10	20	12	19	18	16
羊毛脂	20	50	30	45	35	40
苯甲酸	10	30	15	25	18	20
角鲨烷	5	10	5	9	6	7
丁羟甲苯	1	3	1	2	1	1.5
去离子水	20	30	28	22	26	25

制备方法

（1）取薄荷、檀香精油、胶原、角鲨烷、丁羟甲苯和去离子水混合、加热、搅拌至100～120℃后冷却至常温，得乳化物。

（2）向该乳化物中添加蓖麻子油、霍霍巴籽油、杜松、羊毛脂和苯甲酸，继续搅拌加热至50～60℃后冷却，然后无菌灌装，即得成品。

原料配伍 本品各组分质量份配比范围为：薄荷20～40，蓖麻子油10～30，霍霍巴籽油50～80，檀香精油30～50，杜松10～20，胶原10～20，羊毛脂20～50，苯甲酸10～30，角鲨烷5～10，丁羟甲苯1～3，去离子水20～30。

产品应用 本品是一种护发营养液。

产品特性 营养液涂抹于清洗后的头发，能抚平干燥的毛鳞片，使头发柔顺、富有弹性；同时，本产品制备方法简单易行，制作成本低，容易实现。

配方 13 护发组合物

原料配比

原料		配比(质量份)						
		1#	2#	3#	4#	5#	6#	7#
十八烷基三甲基氯化铵		2	15	0.5	—	—	7.5	—
十六烷基三甲氯化铵		—	—	—	0.5	15	—	7.5
脂肪醇	C_{16}～C_{18}脂肪醇	6	—	—	0.5	5	0.5	10
	C_{12}～C_{14}脂肪醇	—	0.5	10	—	5	—	—
聚乙烯吡咯烷酮		3	1	6	8	2	4	5
羟乙基纤维素		1	—	—	0.1	5	—	—
羟丙基甲基纤维素		—	—	—	—	—	0.1	5
羧甲基纤维素		—	0.1	5	—	—	—	—
二甲基硅氧烷		3	0.1	5	—	—	—	—
四甲基二硅氧烷		—	—	—	0.1	5	—	—
六甲基二硅氧烷		—	—	—	—	—	0.1	5
氨端聚二甲基硅氧烷		2	—	—	—	—	—	—
氨丙基封端聚二甲基硅氧烷		—	5	0.1	2.5	—	—	—
双氨端聚二甲基硅氧烷		—	—	—	—	5	0.1	2.5
杀菌剂	尼泊金甲酯	0.2	0.05	0.1	0.2	0.4	0.5	0.3
	尼泊金丙酯	0.2	0.05	0.1	0.2	0.4	0.5	0.3
丝氨酸		0.5	—	—	5	—	—	2.5
柠檬酸		—	0.2	1.5	—	—	1	—
香精		0.3	0.1	0.02	0.5	—	—	—
水解蛋白		—	—	3	—	—	5	—
水		81.8	77.9	67.68	82.4	57.2	80.7	61.9

制备方法

（1）水相　将水及羟乙基纤维素混合后加热至 75～85℃，混合均匀，得到水相。

（2）油相　将十八烷基三甲基氯化铵、脂肪醇、聚乙烯吡咯烷酮、尼泊金甲酯和尼泊金丙酯混合后加热至 75～85℃，得到油相。

（3）混合　将上述的水相和油相保温搅拌 10～20min 至均匀，经冷却降温至 45℃以下后加入二甲基硅氧烷和氨端聚二甲基硅氧烷，然后加入丝氨酸、香精，搅拌均匀，用丝氨酸调节 pH 值至 5.5，搅拌 15min，即得到护发组合物。

原料配伍 本品各组分质量份配比范围为：聚乙烯吡咯烷酮 1～8，氨丙基封端聚二甲基硅氧烷或双氨端聚二甲基硅氧烷 0.1～5，十八烷基三甲基氯化铵或十六烷基三甲氯化铵 0.5～15，脂肪醇 0.5～10，羧甲基纤维素、羟乙基纤维素或羟丙基甲基纤维素 0.1～5，二甲基硅氧烷、四甲基二硅氧烷或六甲基二硅氧烷 0.1～5，杀菌剂 0.1～1，水 57.2～82.4。

所述的脂肪醇是选自 C_{12}～C_{14} 脂肪醇、C_{16}～C_{18} 脂肪醇中的一种或两种的组合物。

所述的杀菌剂是尼泊金甲酯和尼泊金丙酯。

所述的护发组合物还含有柠檬酸、香精、丝氨酸和水解蛋白。柠檬酸 0.2%～2.5%、香精 0.1%～0.5%、丝氨酸 0.02%～5%、水解蛋白 3%～5 %。

产品应用 本品主要用于头发护理。

使用方法：

(1) 用洗发水洗净头发擦干至不滴水。

(2) 将适量上述护发组合物分别分发片均匀涂抹在湿发上。

(3) 让护发组合物在头发上停留 15min（如遇气温低的情况下，用蒸汽机加热 5min）。

(4) 用清水（不要用洗发水）冲洗干净，用吹风机吹干。

(5) 抛光处理

① 直发处理 用封釉器高温抛光处理，普通受损头发的加热温度为 200～220℃，8 度、9 度以上受损头发的加热温度为 170～190℃。

② 卷发处理 用电卷棒高温抛光处理，普通受损头发的加热温度为 200～220℃，8 度、9 度以上受损头发的加热温度为 170～190℃。

产品特性

(1) 聚乙烯吡咯烷酮可以在头发表面形成一层透气膜，这层膜可以有效锁住油脂和水分，让头发增加弹力，起到塑形的作用。氨丙基封端聚二甲基硅氧烷和双氨端聚二甲基硅氧烷均为具有活性氨基改性的氨基硅氧烷，具有氨基团特性，亲和力强，反应活性高，可吸附在头发上形成弹性膜，具有长效的调理性。

(2) 本产品中，氨丙基封端聚二甲基硅氧烷和双氨端聚二甲基硅氧烷均可以同时高亲和的结合头发表面和聚乙烯吡咯烷酮，氨丙基封端聚二甲基硅氧烷或双氨端聚二甲基硅氧烷作为一个桥梁的作用，可以使聚乙烯吡咯烷酮牢固的附着在头发表面，在水洗作用下聚乙烯吡咯烷酮很难从头发表面脱离，从而可以持久地附着在头发上而起到持久塑形的效果。

（3）本产品的护发组合物中同时含有氨基硅氧烷（氨丙基封端聚二甲基硅氧烷、双氨端聚二甲基硅氧烷）和聚乙烯吡咯烷酮，解决了现有护发产品中聚乙烯吡咯烷酮容易被水洗脱离而不具有持久塑形效果的问题。使用本产品的护发组合物，直发更直、柔顺亮泽，卷发更卷、具有很好的光泽度且弹力十足，该护发组合物具有很好的塑形效果。常温涂抹水洗使用方法下，效果可有效维持6～7次的冲水；高温抛光处理使用方法下，效果可有效维持一个月。

配方14 活细胞丝肽护发素

原料配比

原料	配比(质量份)	原料	配比(质量份)
单硬脂酸甘油酯	5	天然丝蛋白	7
硬脂酸	7	透明质酸	0.3
十六醇	7	香精	适量
矿物油	5	防腐剂	适量
甘油	10	EGF	适量
十六烷基三甲基氯化铵	2	去离子水	加至100
尿囊素	3		

制备方法

（1）将单硬脂酸甘油酯、硬脂酸、十六醇、矿物油混合加热至80℃，搅拌使其溶解。

（2）将甘油、十六烷基三甲基氯化铵、尿囊素和去离子水混合加热至80℃，搅拌使其溶解。

（3）将步骤（1）物料和步骤（2）物料混合，搅拌冷却至45℃，加入天然丝蛋白、透明质酸、香精及防腐剂。

（4）将步骤（3）物料冷却至35℃加入EGF生理盐水溶液，经超声波乳化后出料。

原料配伍 本品各组分质量份配比为：单硬脂酸甘油酯5，硬脂酸7，十六醇7，矿物油5，甘油10，十六烷基三甲基氯化铵2，尿囊素3，天然丝蛋白7，透明质酸0.3，香精、防腐剂、EGF适量、去离子水加至100。

产品应用 本品是一种深层滋养、温和无刺激的活细胞丝肽护发素。

产品特性 本产品深层滋养、温和无刺激；pH值与人体皮肤的pH值接近，对头皮无刺激性；使用后明显感到清爽、舒适、无油腻感，对头发具有明显的滋润、莹亮、顺滑的效果。

配方 15 荚兰花精华护发素

原料配比

原料	配比(质量份)				
	1#	2#	3#	4#	5#
甜杏仁油	2	1	3	2	2
龙葵粉末	—	—	—	1	—
十六/十八醇	6	4	8	6	6
西曲氯铵	0.1	0.08	0.12	0.1	0.1
甘油	2	1	3	2	2
油橄榄果	3	2	4	3	3
甘油硬脂酸酯	1.5	1	2	1.5	1.5
EDTA-2Na	0.15	0.1	0.2	0.15	0.15
香精	0.8	0.5	1.5	0.8	0.8
苯氧乙醇	0.3	0.1	0.5	0.3	0.3
透闪石粉末	—	—	—	—	0.5
苯甲酸	0.2	0.1	0.3	0.2	0.2
脱氢乙酸	0.2	0.1	0.3	0.2	0.2
乙基己基甘油	0.2	0.1	0.3	0.2	0.2
荚兰花提取液	0.6	0.3	0.7	0.6	0.6
水	66.66(体积)	65.05(体积)	69.95(体积)	66.66(体积)	66.66(体积)

制备方法 将各组分放入水中，混合，搅拌均匀，制成荚兰花精华护发素。

原料配伍 本品各组分质量份配比范围为：水 65～70，甜杏仁油 1～3，十六/十八醇 4～8，西曲氯铵 0.08～0.12，甘油 1～3，油橄榄果 2～4，甘油硬脂酸酯 1～2，EDTA-2Na 0.1～0.2，香精 0.5～1.5，苯氧乙醇 0.1～0.5，苯甲酸 0.1～0.3，脱氢乙酸 0.1～0.3，乙基己基甘油 0.1～0.3，荚兰花提取液 0.3～0.7。

所述十六/十八醇中含有 60%（质量分数）的十八醇和 40%（质量分数）的十六醇。

所述荚兰花提取液的制备方法为：

(1) 取荚兰的新鲜花瓣，置于 5～8 倍质量的水中煮沸，自然冷却，去涂花瓣，得提取液。

(2) 膜过滤步骤 (1) 的提取液。

(3) 膜浓缩步骤 (2) 的提取液。

所述膜过滤采用0.55～1.2μm的陶瓷膜，过滤后再用0.1～0.2μm的陶瓷膜过滤；所述过滤的条件为16～20bar（1bar=10^5Pa），温度保持≤30℃。

所述膜浓缩指采用截留分子量为210～300的膜对步骤（2）的提取液进行过滤；所述浓缩的条件为16～20bar，温度保持≤30℃。

所述油橄榄果经过如下处理：晒干，磨成粉末，过200目筛。

产品应用 本品是一种能持久去除头皮屑的荚兰花精华护发素。

产品特性 本产品能够持久护发，保持头发的光亮、黑色和柔顺，同时本产品能够去除头皮屑，并且持久抑制头皮屑的生成，保护发根，去油控油，长久使用有益于头发的健康生长，以及毛囊的激活，保持头发乌黑柔顺。

配方16 减少头皮屑的护发素

原料配比

原料	配比（质量份）		
	1#	2#	3#
月桂酰乳酰乳酸钠	0.5	0.6	2
单甘油硬脂酸酯	2	1	0.5
十六烷基三甲基氯化铵	2	3	5
深海两节荠籽油	5	2	0.1
葡萄籽油	0.1	3	5
鲸蜡醇	5	3	1
对羟基苯甲酸丙酯	0.05	0.1	0.2
羟乙基纤维素	1	0.5	0.1
低聚果糖	0.1	0.5	1
甘油	10	6	5
对羟基苯甲酸甲酯	0.1	0.2	0.3
D-泛醇	1	0.5	0.1
胡椒果提取物	0.1	0.2	0.5
苦参提取物	1	0.5	0.1
聚季铵盐-7	1	1.5	2
水	加至100	加至100	加至100

制备方法

（1）将单甘油硬脂酸酯、深海两节荠籽油、葡萄籽油、鲸蜡醇、对羟基苯甲酸丙酯投入油相锅，加热到85℃，搅拌溶解，制得油相。

（2）将十六烷基三甲基氯化铵、羟乙基纤维素、低聚果糖、甘油、对羟基苯甲酸甲酯、水投入乳化锅，加热到85℃，搅拌溶解。

（3）将油相抽入乳化锅，开启均质5min，均质速度控制在3000r/min，保温30min，抽真空脱泡；待乳化锅冷却至45℃时加入D-泛醇、月桂酰乳酰乳酸钠、胡椒果提取物、苦参提取物、聚季铵盐-7，搅拌均匀后再次抽真空脱泡。

原料配伍 本品各组分质量份配比范围为：月桂酰乳酰乳酸钠0.5～2，单甘油硬脂酸酯0.5～2，十六烷基三甲基氯化铵2～5，深海两节荠籽油0.1～5，葡萄籽油0.1～5，鲸蜡醇1～5，对羟基苯甲酸丙酯0.05～0.2，羟乙基纤维素0.1～1，低聚果糖0.1～1，甘油5～10，对羟基苯甲酸甲酯0.1～0.3，D-泛醇0.1～1，胡椒果提取物0.1～0.5，苦参提取物0.1～1，聚季铵盐-71～2，水加至100。

产品应用 本品是一种减少头皮屑的护发素。

产品特性

（1）本产品中的胡椒果提取物和苦参提取物的组合物能调节油脂分泌、缓解瘙痒、减少头皮屑，具有明显改善头发光泽和感官性能的效果。

（2）本产品所使用的胡椒果提取物、苦参提取物、深海两节荠籽油、葡萄籽油、低聚果糖、D-泛醇组成的去屑组合物具备保湿-抗氧化-调节头皮菌群三重效果，形成了一个协同综合体，即可短时间内解决去屑的问题，又可从源头减少头皮屑的生成，实现长效去屑。

配方17 胶原蛋白护发素

原料配比

原料	配比(质量份)			
	1#	2#	3#	4#
水解胶原	5	8	7	6
柠檬汁	3	1	2	2
橄榄油	3	6	5	6
阳离子季铵盐	25	35	30	25
桂花提取精华	5	7	6	7
甘油	8	—	5	4
丙二醇	—	11	5	6
绿茶籽油	10	18	15	18
羊毛脂	6	9	8	9
去离子水	10	20	18	15

制备方法

（1）阳离子季铵盐、绿茶籽油和羊毛脂在75℃下搅拌均匀，熔化。

（2）将去离子水加热至75℃时，加入熔化好的阳离子季铵盐和羊毛脂，搅拌乳化15min。

（3）冷却至45℃时，加入水解胶原、柠檬汁、橄榄油、桂花提取液和保湿剂，搅拌15min。

（4）降温至25℃，即得所述胶原蛋白护发素。

原料配伍 本品各组分质量份配比范围为：水解胶原5～8，橄榄油3～6，阳离子季铵盐25～40，桂花提取精华5～8，保湿剂4～12，绿茶籽油10～20，羊毛脂6～9和去离子水10～20。

所述的胶原蛋白护发素还包括柠檬汁1～3份。

所述的保湿剂包括甘油、丙二醇或山梨醇的一种或几种。

产品应用 本品是一种胶原蛋白护发素。

产品特性 护发素的原料用量相互协调，有效保护头发、增加头发的营养，无不良反应且带有桂花清香味，不仅能保护秀发，使秀发柔顺、具有光泽，同时不会刺激肌肤黏膜，具有抗菌、抗静电和护理毛发的作用，并且使用后能形成锁住毛发和头皮中水分的保护膜，有效地修护头发软弱干脆、开叉、枯黄及其他受损发质，令秀发更柔、更顺、更亮泽，香味精纯独特、优雅清净，具有独特的安抚作用。

配方18 角蛋白护发素

原料配比

原料	配比(质量份)		
	1#	2#	3#
水	81.6	70.5	75.2
丙二醇	3	5	4
鲸蜡硬脂醇	5	7	6
山嵛基三甲基氯化铵	1.2	2	1.5
硬脂酸甘油酯	1.2	2	1.5
鲸蜡基三甲基氯化铵	1.2	2	2
尼泊金甲酯	0.2	0.2	0.2
尼泊金丙酯	0.1	0.1	0.1
环戊硅氧烷	1	2	2
C_{12}～C_{15}苯甲酸酯	0.5	1	0.8
二甲基硅氧烷	1	1.5	1.2
双氨基硅氧烷	0.5	1	0.8
橄榄油	1.5	2	1.8

续表

原料	配比(质量份)		
	1#	2#	3#
吡咯烷酮羧酸钠	0.5	1	0.8
水解角蛋白	0.5	1	0.6
维生素原 B_5	0.5	0.8	0.6
2-甲基-4-异噻唑啉-3-酮	0.1	0.1	0.1
香精	0.4	0.8	0.8

制备方法

(1) 将水和丙二醇组成的组分A加入水相锅中升温后抽入乳化锅中；组分A升温至85℃后抽入乳化锅。

(2) 将鲸蜡硬脂醇、山嵛基三甲基氯化铵、硬脂酸甘油酯、鲸蜡基三甲基氯化铵、尼泊金甲酯和尼泊金丙酯组成的组分B加入油相锅中升温后抽入乳化锅中与组分A搅拌均匀；升温至80℃，并保温至组分B全部熔化后抽入乳化锅。

(3) 将环戊硅氧烷、C_{12}～C_{15}苯甲酸酯、二甲基硅氧烷、双氨基硅氧烷和橄榄油组成的组分C加入含搅拌均匀的组分A和B的乳化锅中，搅拌均质5min，进行降温处理；组分A、B、C搅拌均质5min后，保温10min，然后再降温至45℃以下。

(4) 将吡咯烷酮羧酸钠、水解角蛋白、维生素原 B_5、2-甲基-4-异噻唑啉-3-酮和香精组成的组分D加入到降温处理后的含组分A、B、C的乳化锅中搅拌均匀，即得角蛋白护发素。

原料配伍 本品各组分质量份配比范围为：鲸蜡硬脂醇4～7，山嵛基三甲基氯化铵1～2，硬脂酸甘油酯1～2，鲸蜡基三甲基氯化铵1～3，环戊硅氧烷1～3，C_{12}～C_{15}苯甲酸酯0.5～1，二甲基硅氧烷0.5～1.5，双氨基硅氧烷0.5～1，丙二醇2～5，吡咯烷酮羧酸钠0.5～1，橄榄油0.2～2，水解角蛋白0.2～1，维生素原 B_5 0.2～0.8，尼泊金甲酯0.1，尼泊金丙酯0.1，2-甲基-4-异噻唑啉-3-酮0.1，香精0.4～1，水加至100。

产品应用 本品是一种角蛋白护发素。

产品特性

(1) 使用本产品后，干发更为滑爽，亮泽。

(2) 水解角蛋白和维生素原 B_5 与头发结构相同，极易填补头发因染、烫和热造型受损形成的空洞；吡咯烷酮羧酸钠则是一种保湿性极强的成膜剂；丙二醇则作为渗透保湿剂，加快营养成分的渗透；橄榄油则能渗透到发芯补充头发丢失的油脂，不会给头发带来额外的负担。

(3) 本产品通过水解角蛋白和维生素原 B_5 的填补、修复，再通过吡咯烷酮羧酸钠及硅氧烷的成膜包裹，再用橄榄油滋润，使受损发质得到极佳的修复护理。

配方 19　具有修复头发功能的护发素

原料配比

原料	配比(质量份)		
	1#	2#	3#
坚果油	1	1.5	0.5
橄榄油	1.5	0.75	2.5
凡士林	2	4.5	1
硬脂酸单甘油酯	1	0.75	2
鲸蜡醇	0.6	0.3	0.8
肉豆蔻酸异丙酯	2	3	1
氟利昂	1	0.4	1.8
丙烯酸二甲基氨基乙酯共聚物	1.5	2	1
马油	1.3	0.8	2
卵磷脂	0.3	0.2	0.3
甘油	2	1	3
去离子水	85.8	84.8	84.1

制备方法

（1）将硬脂酸单甘油酯、鲸蜡醇、肉豆蔻酸异丙酯溶于少量去离子水中，再加入甘油和卵磷脂，混合搅拌均匀；溶于少量去离子水的步骤是在加热条件下使所述组分溶于少量去离子水中，加热温度优选为50～60℃。

（2）将上述溶液再加入坚果油、橄榄油、凡士林、氟利昂、丙烯酸二甲基氨基乙酯共聚物和马油，补足剩余的去离子水，加热搅拌均匀；加热搅拌均匀的加热温度为55℃。

（3）待消泡降温后，分装，制得修复头发护发素。降温至20℃，泡沫消除后，进行分装。在加压条件下将护发素分装到具有喷雾功能且密闭良好的容器中。加压条件为高于1.5个大气压。

原料配伍　本品各组分质量份配比范围为：坚果油0.2～2，橄榄油0.3～3，凡士林0.05～5，硬脂酸单甘油酯0.25～2.5，鲸蜡醇0.01～1，肉豆蔻酸异丙酯0.4～4，氟利昂0.21～2，丙烯酸二甲基氨基乙酯共聚物0.45～3，马油0.2～2.5，卵磷脂0.1～0.5，甘油0.5～5，去离子水加至100。

所述的硬脂酸单甘油酯是单硬脂酸甘油酯，用所述含量的硬脂酸单甘油酯作乳化剂，可以有效改进护发素的感官品质和稳定性。

所述的丙烯酸二甲氨基乙酯（DMAEA）共聚物的单体包括丙烯酸二甲氨

基乙酯（DMAEA），本产品中，丙烯酸二甲氨基乙酯（DMAEA）共聚物优选为 DMAEA 和乙烯基吡咯烷酮的共聚物。

产品应用 本品是一种具有修复头发功能的护发素。

产品特性

（1）本产品的护发素具有丰富的营养效果，尤其是其中的有效成分马油、坚果油、橄榄油，含有丰富的自然营养素、高度不饱和脂肪酸及维生素等营养成分，从而对头皮和头发起到滋养作用。

（2）对头发有较好的修复作用，可以有效防止头发分叉、枯黄；很容易被发根吸收，修复受损的头发和毛囊，能很好地增加光泽头发。

（3）能立刻被头发吸收，具有较好的保水性，可恢复头发的水分，并可以在头皮上形成防止紫外线的一个保护层，显著促进头发生长。

（4）帮助抑制头发分叉和掉发，能帮助软化头发，能阻止头发卷曲和乱发。

（5）滋养的同时，通过合理配伍，避免了油腻感。

（6）通过滋养成分与护发素中表面活性剂的配伍，在滋养功效上起到了协同增效的作用，表面活性剂保证了护发素在使用时能更好地发挥作用，使得有效成分油具有强大的渗透性，可渗透到极微小的空隙，闭合受损的毛鳞片，其养分能迅速被头发吸收，从而促进了滋养成分的高效吸收；同时，由于表面活性剂和其他两性成分的选择和以合理的用量配伍，使产品整体上不产生油腻感，而且能使得头发健康、滋润及促进头发的自愈能力和新陈代谢能力。

（7）成分天然温和无刺激，不会引起头皮的过敏反应；可为皮肤敏感人士所使用，并可用于因使用其他化学产品已受损的头发。

（8）可以以喷雾剂的形式使用，非常便捷，适合现代社会快节奏生活。

配方 20 辣木护发素

原料配比

原料	配比(质量份)		原料	配比(质量份)	
	1#	2#		1#	2#
大豆卵磷脂	6	5	海藻提取液	8	7
抗氧化剂	4	3	骨胶原水解物	8	7
水溶性硅油	4	3	甘油	4	3
保湿剂	4	3	柠檬提取物	7	6
水解胶原蛋白	6	5	脂肪醇	5	4
山梨醇	8	7	辣木	10	9

制备方法

（1）称取原料，选取大豆卵磷脂、水解胶原蛋白、水溶性硅油、甘油进行搅拌处理，使其搅拌均匀，且在搅拌的过程中对其进行加热处理，得到溶液A。

（2）将辣木放入挤压装置中进行挤压处理，然后将挤压后的物料通过粉碎装置进行粉碎处理，得到辣木粉。

（3）将抗氧化剂、保湿剂、山梨醇、海藻提取液、骨胶原水解物、柠檬提取物和脂肪醇进行加热搅拌处理，得到溶液B。

（4）将溶液A、溶液B和辣木粉放入搅拌装置内部进行搅拌，然后将搅拌后的溶液进行加热处理，使其内部成分混合得更加充分，且搅拌完成后对溶液进行消毒处理，即可得到成品护发素。

原料配伍　本品各组分质量份配比范围为：大豆卵磷脂3～9，抗氧化剂2～6，水溶性硅油1～7，保湿剂1～7，水解胶原蛋白2～10，山梨醇3～13，海藻提取液4～12，骨胶原水解物4～12，甘油2～6，柠檬提取物3～11，脂肪醇2～8，辣木5～15。

产品应用　本品是一种辣木护发素。

产品特性　本产品具有护发效果好，去头屑效果好以及补充水分效果好等优点，可以有效地解决头发干燥、分叉以及打结的情况，使头发长时间保持湿润的状态，而且具有很好的去头屑效果，有利于人们的长期使用。

配方21　芦荟护发素

原料配比

原料	配比(质量份)	原料	配比(质量份)
DC193	60	香精	1
十六醇	5	泛醇	10
芦荟提取液	50	EDTA	1
甘油	50	Kathon(CG)	0.6
十六烷基三甲基氯化铵	5	去离子水	81
TX-10	5		

制备方法

（1）将烧杯中加入去离子水，加热至80～90℃，加入甘油、十六烷基三甲基氯化铵，搅拌溶解至透明液体备用。

（2）将步骤（1）物料冷却至40℃，加入芦荟提取液、DC193、Kathon(CG)，搅拌溶解备用。

（3）另取烧杯加入TX-10，均匀搅拌中加入香精，完全混合均匀。

（4）将步骤（3）物料加入步骤（2）物料中，以90r/min的速度搅拌，搅拌中加入泛醇、EDTA，溶解均匀后，过滤即得成品。

原料配伍 本品各组分质量份配比为：DC193 60，十六醇 5，芦荟提取液 50，甘油 50，十六烷基三甲基氯化铵 5，TX-10 5，香精 1，泛醇 10，EDTA1，Kathon（CG）0.6，去离子水 81。

产品应用 本品是一种天然无刺激，能修复、改善发质的芦荟护发素。

产品特性

（1）本产品中 DC193 是一种水溶性的硅油，有润肤的作用，可以改善头发的黏腻感。

（2）本产品天然无刺激，可修复、改善发质；pH 值与人体皮肤的 pH 值接近，对头皮无刺激性；使用后明显感到清爽、舒适、无油腻感，对头发具有明显的滋润顺滑、消涂干燥的效果。

配方 22 卵黄磷脂护发素

原料配比

原料	配比（质量份）	原料	配比（质量份）
脂肪醇聚氧乙烯醚	9	卵黄油	1
十六醇	5	尼泊金乙酯	适量
十八醇	4.5	色素	适量
羊毛脂	2	香精	适量
聚氧丙烯羊毛醇醚	1.5	去离子水	加至 100

制备方法

（1）将脂肪醇聚氧乙烯醚、十六醇、十八醇等原料加热至 85℃，搅拌均匀备用。

（2）将羊毛脂、聚氧丙烯羊毛醇醚、卵黄油、尼泊金乙酯等原料加热至 85℃，搅拌均匀备用。

（3）将步骤（1）物料加入步骤（2）物料中，搅拌均匀混合乳化。

（4）待步骤（3）物料冷却至 55℃时调色并加入香精，充分混合即可。

原料配伍 本品各组分质量份配比为：脂肪醇聚氧乙烯醚 9，十六醇 5，十八醇 4.5，羊毛脂 2，聚氧丙烯羊毛醇醚 1.5，卵黄油 1，尼泊金乙酯、色素、香精适量，去离子水加至 100。

产品应用 本品是一种天然温和、深层滋养的卵黄磷脂护发素。

产品特性 本产品天然温和、深层滋养；pH 值与人体皮肤的 pH 值接近，对头皮无刺激性；使用后明显感到清爽、舒适、无油腻感，对头发具有明显的滋养、莹润、顺滑的效果。

配方 23 玫瑰香型去屑护发素

原料配比

原料	配比(质量份)	
	1#	2#
金银花	3	10
芦荟	2	5
桑叶迷迭香	2	5
首乌	0.5	1
人参	2	3
醋	0.3	1
啤酒	0.8	1.2
玫瑰精油	0.1	0.3
淘米水	5	10
柚子皮	2	5
蜂蜜	2	4
维生素 E	1	3

制备方法

(1) 按质量份配比，将金银花、芦荟、首乌、人参、柚子皮清洗干净，自然晾干，蒸发掉多余水分。

(2) 用打浆机将以上配料绞碎，混合在一起，继续搅拌。

(3) 把步骤 (1) 中金银花、芦荟、首乌、人参、柚子皮的混合物置于乳化锅中，然后将桑叶迷迭香、醋、啤酒、玫瑰精油、蜂蜜、维生素 E 依次加入锅中。

(4) 加热到 70℃，停止操作，自然冷却至 20～25℃。

(5) 再加入淘米水，搅拌均匀，即得到最终的护发素成品。

原料配伍 本品各组分质量份配比范围为：金银花 3～10，芦荟 2～5，桑叶迷迭香 2～5，首乌 0.5～1，人参 2～3，醋 0.3～1，啤酒 0.8～1.2，玫瑰精油 0.1～0.3，淘米水 5～10，柚子皮 2～5，蜂蜜 2～4，维生素 E 1～3。

产品应用 本品是一种玫瑰香型去屑护发素。

产品特性 本产品具有改善发囊营养和头皮过敏、防脱发的作用，能改善发质，保护头发表面，修复各种因素造成的头发枯黄、分叉、易折等损伤，达到美发护发标本兼治的功效。而且还带给使用者迷人的玫瑰芳香，使人神清气爽，精神愉悦，从而提高个人魅力。坚持使用可生发美发，使头发乌黑光亮、柔顺如丝，易于梳理。

配方 24 免洗护发素

原料配比

原料	配比(质量份)		
	1#	2#	3#
十二烷基硫酸钠	20	25	30
甜菜碱	15	19	23
天然色素	2	3	4
橄榄油	5	7	10
芦荟	5	7	9
植物精油	3	5	6
甘油	7	8	10
丙二醇	6	8	11
维生素 C	3	3.5	4
辛-甲氧肉桂酸	2	3	4
水	100	125	150

制备方法 按照比例，将十二烷基硫酸钠、甜菜碱和水放入乳化锅中加热至 80～90℃，向混合物料中加入橄榄油、芦荟，搅拌 20～30min，再向混合物料中加入甘油、丙二醇，搅拌 30～40min，将温度调至 70～80℃，向混合物料中加入维生素 C 和辛-甲氧肉桂酸，搅拌 15～20min，然后将温度调至 40～55℃，向混合物料中加入天然色素和植物精油，搅拌 20～35min，混合均匀，最后冷却至室温即可。

原料配伍 本品各组分质量份配比范围为：十二烷基硫酸钠 20～30，甜菜碱 15～23，天然色素 2～4，橄榄油 5～10，芦荟 5～9，植物精油 3～6，甘油 7～10，丙二醇 6～11，维生素 C 3～4，辛-甲氧肉桂酸 2～4，水 100～150。

产品应用 本品是一种免洗护发素。

产品特性 本产品可以防止秀发的毛鳞片表面受到损害；采用的甘油和丙二醇具有保湿效果，可以防止头发干枯；采用的维生素 C 和辛-甲氧肉桂酸具有防晒效果，可以防止头发因紫外线照射而减少头发表面的水分，失去光泽和弹性；采用的天然色素和植物精油，天然无害。

配方 25 女贞子护发素

原料配比

原料	配比(质量份)	原料	配比(质量份)
女贞子提取物	9	硬脂酸	1
双硬脂基二甲基氯化铵	1	水解蛋白	1
白矿油	2	对羟基苯甲酸甲酯	0.1
十六醇	1	柠檬酸	适量
十八醇	1	香精	适量
维生素E乙酸酯	0.3	色素	适量
维生素A棕榈酸酯	0.1	去离子水	加至100

制备方法

(1) 将去离子水加热至沸腾，加入女贞子提取物和双硬脂基二甲基氯化铵，搅拌溶解备用。

(2) 将白矿油、十六醇、十八醇、维生素E乙酸酯、维生素A棕榈酸酯、硬脂酸、水解蛋白和对羟基苯甲酸甲酯加热至沸腾，搅拌溶解备用。

(3) 将步骤(2)物料加入步骤(1)物料中，使其乳化20min，加入柠檬酸、色素和香精，搅拌溶解，冷却至室温即可。

原料配伍 本品各组分质量份配比为：女贞子提取物9，双硬脂基二甲基氯化铵1，白矿油2，十六醇1，十八醇1，维生素E乙酸酯0.3，维生素A棕榈酸酯0.1，硬脂酸1，水解蛋白1，对羟基苯甲酸甲酯0.1，柠檬酸、香精、色素适量，去离子水加至100。

产品应用 本品是一种促进新陈代谢、防止脱发的女贞子护发素。

产品特性 本品促进新陈代谢、防止脱发；pH值与人体皮肤的pH值接近，对头皮无刺激性；使用后明显感到清爽、舒适、无油腻感，对头发具有明显的改善分叉、滋养保健的效果。

配方 26 去屑护发素

原料配比

原料	配比(质量份)		
	1#	2#	3#
甘油	2	10	8
柠檬酸	3	5	4
丙二醇	2	6	5
芦荟提取液	3	8	7
薄荷香精	1	2	2
十六醇	2	4	3
生姜提取液	2	5	4
去离子水	100	300	200

制备方法 将各组分原料混合均匀即可。

原料配伍 本品各组分质量份配比范围为：甘油2～10，柠檬酸3～5，丙二醇2～6，芦荟提取液3～8，薄荷香精1～2，十六醇2～4，生姜提取液2～5，去离子水100～300。

产品应用 本品是一种去屑护发素。

产品特性 本产品生产成本低，护发效果好，使用后不会使头发油腻，易于清洗，同时含有的生姜提取液成分具有良好的去头屑效果。

配方27 去油护发素

原料配比

原料	配比(质量份)	
	1#	2#
小麦胚芽油	5	10
聚甘油	5	5
二甲基硅油	1	5
甘油	3	1
薄荷精油	2	2
杜松精油	2	2
茶树精油	2	2
山梨醇	2	6
吐温	41	43
硬脂酰胺丙基甜菜碱	8	8
皂角	10	5
水	加至100	加至100

制备方法 将各组分原料混合均匀即可。

原料配伍 本品各组分质量份配比范围为：小麦胚芽油5～10，聚甘油1～5，二甲基硅油1～5，甘油1～3，薄荷精油1～3，杜松精油1～3，茶树精油1～3，山梨醇2～6，吐温41～43，硬脂酰胺丙基甜菜碱2～8，皂角5～10，水护加至100。

产品应用 本品是一种去油护发素。

产品特性 本品能够使油性发质变得干净清爽，不油腻。

参考文献

CN-201210551618.8
CN-201210551635.1
CN-201210551741.X
CN-201510895377.2
CN-201310363702.1
CN-201410447470.2
CN-201610222303.7
CN-201410556368.6
CN-201610453867.1
CN-201310750445.7
CN-201310363389.1
CN-201310657591.5
CN-201310368297.2
CN-201410520934.8
CN-201410499083.3
CN-201510895853.0
CN-201210553776.7
CN-201510895809.X
CN-201210551672.2
CN-201510890907.4
CN-201110360758.2
CN-201410447617.8
CN-201110290946.2
CN-201410435317.8
CN-201510890980.1
CN-201510895358.X
CN-201510540268.9
CN-201510895379.1
CN-201510199355.2
CN-201510012372.0
CN-201610361611.8
CN-201510788457.8
CN-201610018759.1
CN-201511002669.5
CN-201510316179.6
CN-201510456663.9
CN-201510703557.6
CN-201610469643.X
CN-201510165397.4
CN-201510358297.3
CN-201510688811.X
CN-201510012087.9
CN-201510987404.9
CN-201610487547.8
CN-201510456642.7
CN-201610511289.2
CN-201510987409.1
CN-201610609558.9
CN-201510641197.1
CN-201510027454.2
CN-201510992709.9
CN-201610589976.6
CN-201510893437.7
CN-201510631029.4
CN-201510724906.2
CN-201510830338.4
CN-201610468843.3
CN-201510452878.3
CN-201510131318.8
CN-201510453257.7
CN-201510689936.4
CN-201410509360.4
CN-201310319955.9
CN-201210203644.1
CN-201010520865.2
CN-201210370262.8
CN-201510512951.1
CN-201610076759.7
CN-201110176203.2
CN-200710066428.6
CN-201410096650.0
CN-201510122224.4
CN-201410512425.0
CN-201310752606.6
CN-201511002317.X
CN-201110144546.0
CN-201410505442.1
CN-201510828113.5
CN-201210569184.4
CN-201110129933.7
CN-201110129900.2
CN-201410337770.5
CN-201510701046.0
CN-201410841953.0
CN-201310178652.X
CN-201610015962.3
CN-201510280217.7
CN-201310330116.7
CN-201410458105.1
CN-201410462343.X
CN-201110098365.9
CN-201410321178.6
CN-201510456579.7
CN-201410497859.8
CN-201210225370.6
CN-200910181138.5
CN-201410462367.5
CN-201410435702.2
CN-200510033635.2
CN-201310328124.8
CN-201410151666.7
CN-201410297649.4
CN-201410699305.6
CN-201510148857.2
CN-201310699601.1
CN-201310307568.3
CN-201410518834.1
CN-201610394139.8
CN-201310376310.9
CN-201510422333.8
CN-201380002245.1

CN-201510222100. 3
CN-201310120346. 0
CN～201310334984. 2
CN-201510776856. 2
CN-201310456514. 3
CN-201510701001. 3
CN-201511008832. 9
CN-201310307232. 7
CN-201410471675. 4
CN-201510606750. 8
CN-201410518825. 2
CN-201310288595. 0
CN-201510414929. 3
CN-201510962530. 9
CN-201310307553. 7
CN-201510420906. 3
CN-201310252476. X
CN-201310325246. 1
CN-201410513971. 6
CN-201410609229. 5
CN-201310706308. 3
CN-201310484406. 7
CN-201610251923. 3
CN-201310307551. 8
CN-201310307567. 9
CN-201310307227. 6
CN-201310307229. 5
CN-201310433948. 1
CN-201410499077. 8
CN-201310307235. 0
CN-201310484512. 5
CN-201310705387. 6
CN-201310318026. 6
CN-201410518826. 7
CN-201410518831. 8
CN-201310307555. 6
CN-201410694122. 5
CN-201610035623. 1
CN-201410682433. X
CN-201410517420. 7
CN-201510882669. 2
CN-201510983738. 9
CN-201510453180. 3
CN-201610502127. 2
CN-201510803941. 3
CN-201510800213. 7
CN-201410687884. 2
CN-201410188768. 6
CN-201511022888. X
CN-201410166920. 0
CN-201510905683. X
CN-201610541578. 7
CN-201610076676. 8
CN-201410577250. 1
CN-201511034220. 7
CN-201510496687. 7
CN-201610542368. X
CN-201610067762. 2
CN-201510429890. 2
CN-201410720510. 6
CN-201510451780. 6
CN-201610276880. 4
CN-201510420897. 8
CN-201510420899. 7
CN-201610367789. 3
CN-201410065186. 9
CN-201510962479. 1
CN-201511014240. 8
CN-201410843986. 9
CN-201410297737. 4
CN-201410694513. 7
CN-200810155597. 1
CN-200810155598. 6
CN-200810155599. 0
CN-200810155601. 4
CN-200810155602. 9
CN-201310441293. 2
CN-201410713586. 6
CN-201310704562. X
CN-201310705714. 8
CN-201610797376. 9
CN-201610793724. 5
CN-201310651283. 1
CN-201010141583. 1
CN-201110443657. 1
CN-200810234763. 7
CN-201310604502. 0
CN-201610531213. 6
CN-201410236578. 7
CN-201610723560. 9
CN-201310448295. 4
CN-201610531110. X
CN-201610795888. 1
CN-201210121217. 9
CN-201610789087. 4
CN-201410284186. 8
CN-201610881257. 1
CN-201410816849. 6
CN-201110395803. 8
CN-201210144336. 6
CN-200810184795. 0
CN-201610797247. X
CN-200710030781. 9
CN-200810159917. 0